国家自然科学基金项目(编号:41472223)资助

废弃矿井多环芳烃赋存特征及生物降解机理

高　波　冯启言　单爱琴　著

中国矿业大学出版社
·徐州·

内容提要

近年来,由于煤炭资源枯竭、矿井安全生产及煤炭产业政策调整等因素,大量煤矿关闭或废弃,由此带来的生态环境问题日益突出。煤矿关闭后,地下水动力场、井下水文地球化学条件发生重大变化,煤和矸石中的多环芳烃、生产过程中残留的各类污染物释放出的多环芳烃会随着矿井水迁移并对地下水系统构成污染风险。本书研究了煤、矿井水、井下污泥中的多环芳烃赋存特征并进行了风险评价,开展了封闭-半封闭条件下的多环芳烃释放模拟实验和生物降解实验,筛选了井下环境多环芳烃降解菌,探讨了混合菌群和单一菌种对多环芳烃的降解机理,研究成果对关闭或废弃矿井的环境管理及地下水污染风险防控有一定的参考价值。

本书可供水文地质、环境科学、矿业工程等专业的研究生、科研人员及环境管理人员参考。

图书在版编目(CIP)数据

废弃矿井多环芳烃赋存特征及生物降解机理 / 高波,
冯启言,单爱琴著.—徐州:中国矿业大学出版社,2019.10

ISBN 978-7-5646-0668-8

Ⅰ.①废… Ⅱ.①高…②冯…③单… Ⅲ.①矿井-地下水
污染-污染防治 Ⅳ.①X523

中国版本图书馆 CIP 数据核字(2019)第 174443 号

书　　名	废弃矿井多环芳烃赋存特征及生物降解机理
著　　者	高　波　冯启言　单爱琴
责任编辑	李　敬
出版发行	中国矿业大学出版社有限责任公司
	（江苏省徐州市解放南路　邮编 221008）
营销热线	(0516)83885105　83884103
出版服务	(0516)83883937　83884920
网　　址	http://www.cumtp.com　**E-mail**:cumtpvip@cumtp.com
印　　刷	江苏淮阴新华印务有限公司
开　　本	787 mm×1092 mm　1/16　**印张** 9　**字数** 231 千字
版次印次	2019 年 10 月第 1 版　2019 年 10 月第 1 次印刷
定　　价	36.00 元

（图书出现印装质量问题,本社负责调换）

前　言

由于对煤炭资源的长期、高强度开采,部分老矿区煤炭资源已趋于枯竭,如淄博、徐州、肥城、枣庄、峰峰、焦作、沈阳等地的老矿区,部分井工矿井开采深度已接近开采极限。深部煤层赋存地质条件复杂,开采条件恶劣,瓦斯、水害、地热等灾害频发,致使很多煤矿已经关闭或即将关闭。同时,为了保证煤炭资源的安全和有序开采,国家陆续出台了相关政策,对大量煤矿进行了关闭和整合,在未来几年,关闭和废弃矿井数量还将继续增加。

在生产过程中,为了安全开采,矿井必须抽排大量地下水,由此形成了以矿井为中心的大范围的地下水降落漏斗,其波及范围远远超过矿井边界,直接改变了区域的水循环与水动力场。矿井关闭后,矿井水抽排工作一旦停止,地下水水位将快速回弹,原有的矿区地下水运动和赋存环境将再次发生剧烈变化,开采过程中的开放系统将转变为封闭-半封闭系统,采空区的水文地质条件将发生根本改变,不仅采矿活动留下的各种污染物进入地下水系统,矿井、采场、含煤地层、相邻含水层的有害物质也将进入地下水系统,对区域地下水资源构成污染风险。特别是在华北地区,主采煤层为石炭-二叠系煤层,底板为奥陶系或寒武系强含水层,既是煤炭开采的主要充水水源,同时也是当地重要的供水水源,岩溶地下水一旦受到污染,将直接威胁当地生产生活用水安全,如山东淄博、山西阳泉等矿区,废弃煤矿已经对煤矿周边地下水造成了污染。以往对矿区地下水污染主要关注常见化学组分,如酸性矿井水、高铁锰矿井水、高氟矿井水、高硫酸盐矿井水等,而对矿井水中的微量有机物,如多环芳烃等研究较少。在国家自然科学基金项目资助下,课题组开展了井下环境中多环芳烃的赋存特征、多环芳烃在废弃矿井中的释放规律和降解机理研究,研究成果对废弃矿井地下水的保护与环境管理提供了理论依据,也丰富了煤矿区水文地球化学的研究内容。本书为研究成果的总结。

全书共7章,第1章由冯启言执笔,第2章由高波执笔,第3章由高波、冯启言执笔,第4章由高波、冯启言、单爱琴执笔,第5章由单爱琴执笔,第6章由高波执笔,第7章由冯启言、单爱琴执笔,全书由冯启言统稿完成。

本书的主要成果是课题组全体成员共同努力的结果。样品采集过程中得到了徐州矿务集团有限公司、兖矿集团有限公司、淮南矿业(集团)有限责任公司、大屯煤电(集团)有限责任公司、冀中能源集团、山东省地质矿产勘查开发局等单位的支持,样品测试得到了江苏地质矿产设计研究院、中国矿业大学现代分析与计算中心、上海美吉生物医药科技有限公司等单位的支持,在此一并致谢。感谢历届研究生陈琳、陈迪、梁浩乾、张燕婷、肖洁、张威等对项目的贡献。

本书得到了国家自然科学基金项目"废弃矿井地下水中多环芳烃的降解与迁移机理"（编号：41472223）的资助，在此特致谢意。

由于作者水平有限，本书难免存在不足甚至错误之处，恳请读者予以指正。

作　者

2019 年 9 月于徐州

目　录

第 1 章　多环芳烃污染研究进展

1.1　多环芳烃的结构与性质

　　多环芳烃(PAHs)指的是由两个或两个以上的苯环或环戊二烯稠合而成的化合物的总称,按苯环的连接方式可以分为稠环型和非稠环型两种类型。PAHs 是在环境中最早发现且种类最多的可致癌化合物[1]。

　　PAHs 种类繁多,由于结构和环数的差异,不同 PAHs 的理化性质差别很大。根据 PAHs 的环数和理化性质的不同,可将 PAHs 分为 3 类,即 2～3 环的低分子量多环芳烃(如萘、苊、菲等)、4 环的中分子量多环芳烃(如芘、䓛等)和 5 环以上的高分子量多环芳烃[如苯并(a)芘、苯并(g,h,i)苝等]。在常温下,大多数 PAHs 以固态的形式存在,与相同碳原子数目的直链烷烃相比,多环芳烃沸点更高。1979 年,美国国家环保局(US EPA)发布了 16 种环境中常见的多环芳烃(16-PAHs)作为优先控制污染物[2](图 1-1),其理化性质如表 1-1 所列。目前,我国列出的优先控制的多环芳烃污染物有 7 种,包括萘、荧蒽、苯并(b)荧蒽、苯并(k)荧蒽、苯并(a)芘、苯并(g,h,i)苝及茚并(1,2,3-c,d)芘。

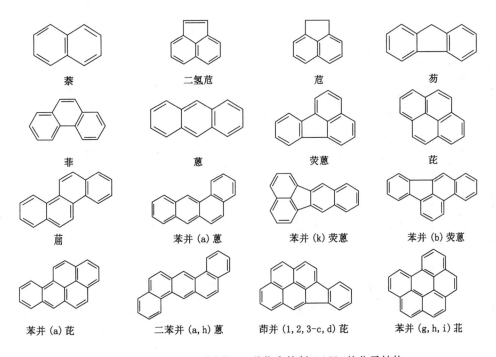

图 1-1　US EPA 列出的 16 种优先控制 PAHs 的分子结构

表 1-1　16 种优先控制 PAHs 的物理化学性质

名称	简写	环数	分子式	分子量	沸点/℃	溶点/℃	蒸汽压(25 ℃)/mmHg	溶解度(25 ℃)/(mg·L^{-1})	log K_{ow}	有机碳吸附系数	生物富集因子	致癌性	光解能力
萘*	Nap	2	$C_{10}H_8$	128	80	209	4.5×10^{-1}	33.8	3.17	1.3	0.2	2B	
苊	Acy	3	$C_{12}H_8$	152	124	290	1.5×10^{-4}	6.7	4.15	2.55	0.03	3	
二氢苊	Ace	3	$C_{12}H_{10}$	154	108	252	2.1×10^{-4}	3.0	3.35	7.2	0.3	3	
芴	Flu	3	$C_{13}H_{10}$	166	119	276	3.8×10^{-4}	1.7	4.02	10	1.0	3	
菲	Phe	3	$C_{14}H_{10}$	178	136	326	1.5×10^{-6}	0.6	4.35	19	1.5	3	−
蒽	Ant	3	$C_{14}H_{10}$	178	136	326	1.5×10^{-6}	0.6	4.35	19	1.5	3	＋＋＋
荧蒽*	Fla	4	$C_{16}H_{10}$	202	166	369	2.6×10^{-8}	0.1	4.93	55	3.4	3	−
芘	Pyr	4	$C_{16}H_{10}$	202	166	369	2.6×10^{-6}	0.1	4.93	55	3.4	3	＋
苯并(a)蒽#	BaA	4	$C_{18}H_{12}$	228	177	400	1.3×10^{-9}	0.02	5.52	284	12	2B	＋＋
䓛#	Chr	4	$C_{18}H_{12}$	228	177	400	1.3×10^{-9}	0.02	5.52	284	12	2B	−−
苯并(b)荧蒽*#	BbF	5	$C_{20}H_{12}$	252	209	461	2.8×10^{-12}	0.002	6.11	820	27	2B	−−−
苯并(k)荧蒽*#	BkF	5	$C_{20}H_{12}$	252	194	630	7.0×10^{-11}	0.06	6.11	667	39	2B	−−
苯并(a)芘*#	BaP	5	$C_{20}H_{12}$	252	209	461	2.8×10^{-12}	0.002	6.11	820	27	1	＋＋
茚并(1,2,3-c,d)芘#	InP	6	$C_{22}H_{12}$	276	233	498	6.3×10^{-14}	—	6.70	2 370	59	2B	−−
二苯并(a,h)蒽*#	DbA	5	$C_{22}H_{14}$	278	218	487	1.8×10^{-13}	0.004	6.70	4 250	62	2A	−−
苯并(g,h,i)苝*	BghiP	6	$C_{22}H_{12}$	276	218	467	1.6×10^{-12}	0.006	6.70	2 450	61	3	−−

注：①"*"表示原国家环境保护总局列出的优先控制污染物黑名单中的 7 种 PAHs，"#"表示 US EPA 列出的 7 种具有潜在人体致癌性的 PAHs。

②致癌性：依据国际致癌研究中心对 PAHs 的致癌性分类，1 表示具有致癌性，2A 表示很可能有致癌性，2B 表示可能具有致癌性，3 表示对人类致癌性不可划分。

③光解能力："+"表示易光解，"−"表示难光解。

　　PAHs 是一种持久性有机污染物，化学结构稳定，且 PAHs 为半挥发性物质，能通过长距离迁移到达地球的绝大多数地区[3]。在自然条件下，部分 PAHs[如蒽、苯并(a)蒽等]会发生光解[4-5]、热解，或通过植物[6-7]、微生物代谢作用[8]从环境中去除。PAHs 具有很强的亲脂憎水性，常温下在有机溶剂中溶解度较高[9]。因此，PAHs 具有一定的生物累积性，环境中的 PAHs 浓度会沿食物链逐级放大，最终在动物和人类脂肪中蓄积，危害动物和人类健康，破坏生态系统[10]。研究表明，PAHs 普遍具有"三致"作用，且毒性随苯环数的增加而增大[11]。

1.2　环境中多环芳烃的主要来源

　　PAHs 的来源包括天然来源和人为来源两种。天然来源主要包括部分陆地和水生生物合成、森林或草原火灾、火山爆发等；人为来源包括燃煤排放、煤化工和有机合成行业废弃物排放、交通运输污染和垃圾焚烧等。众多学者认为，化石燃料的燃烧和热解及石油泄漏等是造成环境中多环芳烃污染的主要原因[12-14]，大部分多环芳烃以气态的形式释放进入环境，然后随大气输送或沉降进入水体并随河流迁移，最终转化为固体或附着于颗粒物表面[15]。

1.2.1　天然来源

　　自然环境中存在的多环芳烃主要由以下两部分构成：一是部分陆地和水生生物合成的多环芳烃；二是森林或草原火灾、火山喷发过程中产生和释放的多环芳烃。这两者是环境中多环芳烃本底值的主要来源[16]。此外，自然条件下，煤、石油等化石燃料经过长期的地质变化，本身就含有大量的多环芳烃，且多环芳烃会随着煤、石油等的开采向环境中扩散。

1.2.2　工业污染源

　　煤炭在我国能源结构中占主要地位。在工业生产过程中，煤炭等化石燃料的燃烧和热解会释放大量的多环芳烃，这是造成环境中多环芳烃污染的重要原因。煤炭燃烧过程中多环芳烃的形成和排放主要受煤炭种类、装机容量、锅炉类型及燃烧工况等的影响[17-18]。邹祎萍等人调查我国西南某燃煤电厂周边土壤，发现土壤中 16 种多环芳烃含量在 4 706～12 175 μg/kg 之间，其中煤炭燃烧源贡献率达到 68%[19]。此外，焦化、钢铁冶炼及有机化工等行业所排放的废弃物中存在大量多环芳烃，特别是炼焦过程会向环境中释放多环芳烃、氰化物等多种持久性有机污染物[20]。刘大锰等对首钢焦化厂炉灰、干熄焦焦末、废水等进行检测，共检测出 40 余种多环芳烃，除萘外，废水中所有优先控制的多环芳烃污染物均超出标准限值[21]。

1.2.3　交通运输污染源

　　目前，我国机动车保有量逐年增加，由机动车造成的多环芳烃污染也越来越严重，成为多环芳烃污染的重要来源之一。监测数据显示，机动车所排放的废气中约有 100 种多环芳烃，其中已经有 73 种被鉴定。每 1 辆客运汽车一年能排放 20～100 kg 的苯并(a)芘(BaP)。特别是在机动车启动过程中，燃料不完全燃烧会产生大量的多环芳烃[22]。此外，公路修建排放的沥青烟气中也含有大量的多环芳烃，其排放过程与温度等有一定关系，长期暴露在多环芳烃污染的环境中会对工作人员健康构成威胁[23-24]。

1.2.4　生活污染源

　　在我国北方部分地区，特别是农村等非集中供暖区，民用煤炉仍是冬季取暖的主要方式之一。在燃煤过程中会产生大量的多环芳烃类污染物,无论是单种的多环芳烃含量还是多环芳烃总量,都比薪柴源要高,且煤炉中的煤炭基本是不完全燃烧,其排放的污染物更为严重[25]。一般民用煤炉的多环芳烃排放因子比大型工业锅炉高 3～5 个数量级[26],且收集和治理均存在一定的难度。此外,食品制作过程中排放出的油烟中也含有大量的多环芳烃类污染物。研究表明,油炸温度超过 200 ℃,就会分解释放出大量含有多环芳烃的致癌物。不同油烟烟雾中多环芳烃的含量不同,由高到低依次为猪油＞菜籽油＞豆油,且同一油品多环芳烃的产生量随着温度的升高而增大[27-28]。

1.2.5 其他污染源

目前,大多数城市生活垃圾的处理处置方式为卫生填埋,这在有效处理垃圾的同时产生了大量的垃圾渗滤液,一般情况下,垃圾渗滤液中多环芳烃含量为 0.1～260 $\mu g/L$[29]。如果将垃圾送入城市垃圾焚烧炉处理,也会产生多环芳烃,在焚烧炉稳定运行的情况下,烟气中多环芳烃浓度可达 0.1～121 $\mu g/m^3$[30],在焚烧炉启动过程等不稳定条件下,多环芳烃浓度最高可达 7 000 $\mu g/m^3$[31]。垃圾焚烧的残渣中也会存在大量的多环芳烃,处理不当会对环境造成二次污染,田荣等人对残渣进行浸出毒性实验发现,各种粒度残渣浸出液中均能检出 8 种环数不大于 4 的多环芳烃,其中菲浓度最高,约为 10 $\mu g/L$,存在二次污染风险[32]。Johansson 等人研究发现,16 种多环芳烃在不同生活垃圾焚烧厂的底渣中均有检出,浓度为 480～3 590 $\mu g/kg$,已明显超过瑞典规定的敏感土壤多环芳烃含量限值要求[33]。此外,抽烟也会造成室内空气多环芳烃污染,在香烟焦油中已检定出 150 种以上的多环芳烃污染物[34-35]。焦云等人对 10 种不同价格的香烟烟气进行检测,发现不同香烟烟气中均含有多环芳烃,平均含量为 189～654 ng/g[36]。

1.3 环境中多环芳烃的迁移转化

大气中低分子量的多环芳烃大部分以气态存在,高分子量的多环芳烃大都被颗粒物吸附而附着于颗粒物表面,即大气中的多环芳烃往往和气溶胶、大气颗粒物有关,这些颗粒物和气溶胶经干湿沉降进入土壤和地表水体,进而入渗进入地下水体;同时,土壤和水体中的多环芳烃又能够以蒸气的形式进入大气环境或附着在大气颗粒物上,随大气运动做长距离迁移。整个循环过程反复进行,导致多环芳烃广泛分布于各种环境介质中[37-39]。多环芳烃迁移过程如图 1-2 所示[40]。

水中多环芳烃通常以游离态、溶解性有机质结合态、悬浮颗粒物结合态和沉积物结合态的形式存在。多环芳烃在不同相中的分配主要受多环芳烃本身的理化性质、吸附剂性质和吸附剂类型控制[41]。溶解态多环芳烃主要的环境行为即水-气交换作用[42],这一循环过程受多环芳烃本身的理化性质、风速和环境温度等的影响。研究表明,控制水中多环芳烃环境行为的主要机理是有机碳吸附过程,不同类型的有机碳吸附存在差别。溶解性有机质(DOM)与多环芳烃的相互作用是一种线性的分配行为,过程可逆,并且很快能达到平衡[43-44];而炭黑等类玻璃态有机质对多环芳烃则表现为非线性吸附和慢转化速率,能够强烈吸附水中多环芳烃[45]。具有疏水特性的多环芳烃通常吸附在颗粒物表面,之后沉淀到底泥中,因此,底泥沉积物往往成为多环芳烃的主要储存库,当上覆水中多环芳烃浓度降低或者水体受到扰动后,多环芳烃会从沉积物中释出,形成二次污染,进而长时间影响周围生态

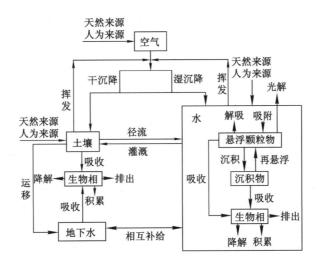

图 1-2　多环芳烃在环境中的迁移过程[40]

环境和人体健康。

目前,对环境中多环芳烃迁移过程的研究主要集中在大气和地表水环境,而对其在地下水特别是深层地下水中的迁移过程研究较少。作为一种有机污染物,多环芳烃在地下水中的迁移过程主要包括对流弥散、吸附、挥发等物理或物化过程,主要受污染物自身、环境条件、水文地质条件等的影响。多环芳烃在环境中的主要衰减途径包括挥发、光氧化、化学氧化、生物积累、土壤基质的固定以及生物降解等,受环境的影响,不同途径对多环芳烃衰减的贡献也不同[46-50]。

地下水中有机污染物的弥散和挥发均属于物理过程。弥散迁移又称水动力迁移,主要受地下水中污染物的浓度梯度、渗透系数等的影响,往往用 NaCl[51]、染料、放射性同位素等作为示踪剂进行现场测试。挥发是指有机污染物从液相到气相的过程,受土壤岩性、含水率、包气带厚度、污染物的初始浓度等的影响[52]。孔隙介质对溶质的吸附作用主要有物理吸附和化学吸附两种,分别由静电引力、范德瓦尔斯力和化学键引起,而实际上,多环芳烃的吸附、分配过程往往是多种力、多种吸附形式共存的过程,除受本身理化性质的影响外,还受吸附介质的性质、条件等的影响[53]。研究表明,地下水有机质的吸附过程首先与吸附质等的性质具有重要的联系,疏水性有机物的吸附过程主要以线性分配为主,且分配系数受介质的有机碳含量影响[54]。其次,含水层介质的有机质和黏粒含量以及腐殖酸等对地下水有机物的吸附起着重要作用,一般来说,含水层介质中有机质和黏粒含量越高,对石油烃等有机污染物的吸附量越大[55-56]。不同地质环境具有高度的不均一性,有机污染物的存在环境往往是多种有机组分共存的体系,不同污染组分之间在含水介质中吸附的过程往往存在着相互作用,吸附介质中本身含有的一些有机物对污染组分的吸附也会存在一定的影响,这种影响主要集中在不同有机组分之间的竞争吸附和抑制作用上,因此,一些有机物吸附过程往往遵循一种多元反应模型。Xia 等学者研究发现萘能够抑制二氯苯、三氯苯和菲在沉积物上的吸附,使等温线趋于线性[57]。此外,混合组分的吸附作用不仅与混合组分自身的性质有关,还与含水介质的性质,如 pH 值、温度、离子种类、有机质含量等有关[58]。在岩溶地下水系统中,总有机碳(TOC)对多环芳烃的吸附、分配行为有重要的影响,低环多环芳烃在地下水系统中能远距离地迁移,而4~6环多环芳烃溶解性低且易吸附到颗粒物上,容易被沉积物或碳酸盐岩吸附,迁移能力较弱[59]。

土壤是一种复杂的多相体系和载体介质,是大部分有机污染物迁移转化的汇集库,对污染物有一定的吸纳和缓冲能力,同时,土壤污染往往又具有一定的隐蔽性,很难被直观发现[60]。土壤中的多环芳烃污染主要来自污水灌溉、大气沉降、废物倾倒和工业渗漏等多种途径,其中污水灌溉造成的土壤多环芳烃污染尤其严重。目前,我国大部分地区土壤中多环芳烃的含量为 1×10^3~1×10^4 μg/kg,北方城市地区受冬季燃煤的影响,污染较严重的表层土壤多环芳烃含量高达 3 000~5 000 mg/kg[61]。在长江三角洲地区监测到的16种多环芳烃在表层土中的含量达到了 10 mg/kg,其中3环、4环、5环以上的多环芳烃分别占多环芳烃总量的6%、55%、39%[62]。土壤中的多环芳烃污染物可以通过非生命反应(如光氧化、化学氧化和挥发作用等)进行衰减,但最主要的衰减方式仍是微生物的降解作用和土壤基质的固定作用。

多环芳烃的转化过程一般包括化学转化、生物降解等。化学转化包括光降解、电化学氧化、氧化剂氧化等过程。研究表明,多环芳烃特别是低环多环芳烃(如菲、蒽等)在紫外线的照射下能够快速分解[4],环境中硫酸根、碳酸根等对多环芳烃光降解存在抑制作用,主要是因为受到硫酸盐等对羟基自由基的竞争作用影响[63]。此外,腐殖酸的存在也会对光降解过程产生影响,特别是有催化材料存在的时候,自然光对苯并(a)芘等多种多环芳烃类有机物都有较高的分解率[64]。一般来说,有机污染物的化学转化过程需要人为地进行控制才能达到较好的降解效果,主要用于实验室研究以及污染水体的净化。李桂春等人利用 UV-Fenton 试剂降解矿井水中乳化油,降解去除率可达 94.95%[65]。

在自然状态下地下水循环的过程中,有机污染物的转化主要依赖生物降解过程进行。作为生态循环中的分解者,微生物是降解有机污染物的核心动力,微生物利用自身酶的催化作用,可将多环芳烃分解为小分子有机物,随后将小分子有机物矿化为 CO_2、H_2O 或 CH_4[66]。研究表明,微生物降解是环境中多环芳烃去除的最主要途径[67]。多环芳烃的微生物降解过程主要受两方面的因素影响:一是有机污染物本身的特性以及微生物的特性,包括有机物的结构、微生物的活性及其群落组成等,该因素是影响污染物降解的重要因素;二是降解过程所处的环境条件,包括温度、pH 值、湿度、溶解氧等,主要通过影响微生物活性间接影响有机污染物的降解速率[68-69]。此外,不同的微生物对各类多环芳烃的降解速率和降解程度各有差异。降解多环芳烃的微生物主要有细菌、真菌、藻类等[70]。目前,研究人员已从环境中分离出多种多环芳烃降解菌,主要包括假单胞菌属(*Pseudomonas*)[71]、红球菌属(*Rhodococcus*)[72]、气单胞菌属(*Aeromonas*)[73]、芽孢杆菌属(*Bacillus*)[74]、伯克氏菌属(*Burkholderia*)[75]、分支杆菌属(*Mycobacterium*)[76]、鞘氨醇单胞菌属(*Sphingomonas*)[77]和黄杆菌属(*Flavobacterium*)等[78]。雷萍等人从焦化厂废水中筛选出一株高效降解萘的黄杆菌(*Flavobacterium* CN3d),对 30 mg/L 萘的降解率可达 93%[79]。王丽平等人筛选出一株芽孢杆菌(*Bacillus* sp.P2),在 20 d 内对 20 mg/L 芘的降解率达到 62%[80]。徐虹等人利用降解菌 *Pseudomonas* sp. FAP10 单独降解 50 mg/L 的芴和菲,降解率均在 94% 以上[81]。肖盟等人筛选了一株以菲为唯一碳源的高效降解菌(*Rhodococcus* sp. XY916),该菌为红球菌属,其最适生长的环境为弱碱性环境,对菲的降解率可达95.3%[78]。顾平等人研究巨大芽孢杆菌对苯并(a)芘的降解,经30 ℃培养8 d后,苯并(a)芘(10 mg/L)的降解效率可达 52%,利用该菌株与植物联合修复污染土壤,苯并(a)芘的最高去除率为 77%[82]。此外,学者还研究了镰刀菌[83]、不动杆菌[84]、铜绿假单胞菌[85]等细菌对多环芳烃的降解,最高去除率均在 50% 以上。

在细菌代谢或共代谢过程中,主要利用细菌自身含有的双加氧酶、单加氧酶、二羟基酶等酶系,使苯环降解[86],其降解利用芳香族化合物的一步关键反应就是通过各种加氧酶的作用打开苯环,从而将其转化成能够进入三羧酸循环的中间产物而得到利用[87]。在多环芳烃的生物降解中,开环双加氧酶和羧基化双加氧酶是关键酶和限速酶[70]。研究发现,假单胞菌对多环芳烃的降解有两条途径,一条途径通向儿茶酚或原儿茶酸等重要的中间产物,另一条途径是产生三羧酸循环的中间产物[88]。鞘氨醇单胞菌属通常通过水杨酸和邻苯二酚途径代谢多环芳烃和其他芳香化合物。Di Gennaro 等人发现混浊红球菌 R7 菌株(*Rhodo-coccus opacus* R7)具有既能降解萘又能降解二甲苯的能力,通过芳烃降解的龙胆酸途径和邻苯二酚途径的酶系催化萘和二甲苯的降解[89]。

微生物降解多环芳烃受微生物种群、pH 值、电子受体等多种因素的影响。Kotterman 等人研究发现,真菌和细菌混合培养更有利于苯并(a)芘的降解[90]。盛下放等人从被石油污染的土壤中分离筛选出一株以 BaP 为唯一碳源的氮单胞菌属菌株 JL-14,研究了该菌株在不同 pH 值条件下对 5 mg/L BaP 的降解效果,发现 pH 值为 8 时 BaP 的降解率(49.6%)明显高于其他 pH 值条件下的降解率[91]。研究表明,好氧或厌氧环境中均存在 PAHs 的微生物降解现象,但其降解途径和降解效率不同。在好氧环境中,O_2 可直接作为电子受体,而在厌氧环境中则以 NO_3^-、NO_2^-、SO_4^{2-} 等含氧酸根作为电子受体。在好氧条件下,细菌主要通过双加氧酶在苯环上加上 1 个分子 O_2,生成二氧化物中间体,最终转化为二羟基化合物,进入 TCA 循环。在厌氧条件下,根据电子受体的不同,微生物降解 PAHs 的主要反应体系可以分为反硝化还原反应体系、硫酸盐还原反应体系、产甲烷还原反应体系、金属离子还原反应体系。有学者研究了不同反应体系下菲、芘、蒽、芴、二氢苊这 5 种不同 PAHs 降解的效果,发现促进能力高低为:硫酸盐还原反应体系>产甲烷还原反应体系>反硝化还原反应体系;5 种 PAHs 降解速率常数高低为:菲>芘>蒽>芴>二氢苊[92]。由于地下水环境绝大部分为厌氧或缺氧环境,因此研究厌氧/缺氧条件下地下水中 PAHs 的降解有更显著的意义。

1.4　地下水中多环芳烃的污染风险

地下水污染风险指含水层中地下水由于人类活动等而遭受污染到不可接受水平的可能性。一般从污染源、污染过程、受体 3 个方面评价地下水中污染物的风险,包括:可侵入地下水的污染物负荷;含水层系统对污染物的削减能力及其潜在污染水平[93];不同目标受体的污染风险识别和评价[94-95],根据目标受体不同又可将风险分为生态环境风险和健康风险[96]。

已有研究表明,我国部分城市浅层地下水甚至岩溶地下水出现了不同程度的多环芳烃污染,如我国广西壮族自治区柳州市、南宁市等地岩溶水中均出现了多环芳烃污染,主要来源于工业生产、交通运输等人类活动[97-98]。多环芳烃作为一种持久性有机污染物,大部分具有毒性和"三致"作用,一旦进入地下水系统,就会对自然环境和生态系统产生影响[99],并通过饮水、植物累积等进入食物链,从而危害人类健康[100]。昌盛等人调查滹沱河冲洪积扇地下水中多环芳烃污染并进行健康风险评估,发现研究区河谷裂隙孔隙水受多环芳烃污染,

致癌风险平均值为 2.0×10^{-5},超过可接受水平[101]。孔祥胜等人对我国西南某市重工业区岩溶含水层中多环芳烃污染进行研究,发现研究区地下水中 16 种多环芳烃均有检出,以菲、蒽、萘、䓛、芘为主,生态风险评价结果显示区域地下水中菲、蒽、芘、苯并(a)蒽、苯并(b)荧蒽处于重污染风险,需引起重视[102]。Ugochukwu 等人对尼日利亚 Jos 镇柴油污染地下水中多环芳烃健康风险进行综合评估,评估表明接触多环芳烃污染水使居民更易受到苯并(a)蒽和苯并(a)芘的致癌风险[103]。此外,一些多环芳烃虽然本身不具有致癌性,但对生物细胞的癌变有促进作用,对环境构成风险[104]。长期暴露在 PAHs 污染的环境中容易引发日光性皮炎、毛囊炎、肺癌、皮肤癌、直肠癌、膀胱癌等疾病[105-106]。

随着研究的不断深入,学者对地下水中有机污染物(多环芳烃等)的污染风险评估也在不断改进。考虑的影响因素从最初的自然因素变为结合污染物迁移转化及人类活动等综合评判;评价方法也从最初的单因子评价到模糊数学综合评估,使结果的可靠性更高。李玮利用多种评价方法对北京东南部通州、大兴区再生水灌溉条件下浅层地下水多环芳烃污染进行评价,发现与传统迭置指数法相比,过程模拟法更加注重介质、水、污染物之间的相互作用和内在联系,在污染风险预测和评估上更加准确可靠[95]。雷廷将溶质运移理论引入地下水有机污染物健康风险评价中,以溶质运移模型求暴露期内污染物的暴露浓度,并基于污染物的空间分布差异性绘制健康风险空间分布图,能够更加准确地反映敏感人群的健康风险现状[107]。蓝家程等人利用风险熵值法对重庆老龙洞流域岩溶地下河中多环芳烃污染生态风险进行综合评估,发现流域内水中所检测到的多环芳烃处于中度污染和重度污染水平[108]。部分学者结合 MATLAB[109]、GIS[110] 等计算机技术对评价结果进行信息可视化,为污染风险评估提供了高效、实用的工具,且使结果得到更加直观的展示。

1.5 煤矿区环境中的多环芳烃

1.5.1 煤中的多环芳烃

煤是植物遗体在一定温度、压力等条件下经过一系列煤化作用形成的一种复杂的不均匀混合物[111]。煤的主要结构类型是芳香环,其主要通过两条途径形成:一是不同分子大小的单元通过脂肪烃相互连接,构成大分子芳香族化合物;二是直接形成低分子量的多环芳烃,在煤中以固态、液态形式存在[112-113]。煤中的多环芳烃通过煤的燃烧、热解等生产过程释放到环境中[114]。由于我国贫油、贫气、富煤的能源结构特征,大量的家庭将煤炭作为主要能源[115]。研究表明,以原煤作为燃料的家庭,室内空气中苯并(a)芘等致癌污染物明显增多[116],此外,$PM_{2.5}$ 及 CO 含量明显高于沼气等燃料[117]。

煤矿区多环芳烃的来源有多种途径,包括煤炭燃烧、矸石堆场淋溶释放、吸附多环芳烃的大气颗粒物沉降等过程。其中,煤炭燃烧和污染物沉降是矿区环境中多环芳烃的主要来源。煤炭的开采、加工、储存和运输等过程为多环芳烃的产生和存在提供了便利条件。研究表明,煤的提取物中能够检测出的芳烃和环烷芳烃高达上百种,其中,含量最多的是苯、萘和菲等低环芳烃,且烟煤中多环芳烃的含量要高于无烟煤[118-119]。受低温分解和高温合成的影响,烟尘特别是烟煤燃烧的烟尘中的多环芳烃含量和种类均高于原煤[120-121]。这也是造成煤矿区环境中多环芳烃大量存在的主要原因。煤炭燃烧过程中多环芳烃的释放受煤结构、燃烧温度、过量空气系数、燃烧程度等影响。

煤化程度对煤中多环芳烃的种类、含量均有重要的影响。有学者研究了煤的变质程度与煤中多环芳烃的种类的关系,发现低环多环芳烃主要赋存于低变质程度的煤中,随着煤变质程度的增加,低环多环芳烃含量降低,高环多环芳烃含量升高[121-122]。研究表明,不同煤阶的煤中多环芳烃的含量也不同,主要受煤的 O/C 摩尔比、H/C 摩尔比、碳含量和挥发分等影响[112-113,123-124]。其规律性主要与煤炭形成过程有关,在植物成煤的过程中,微生物的长期作用促进了各种官能团的缩聚反应,形成了腐殖酸等高分子量芳香酸,随着煤中碳含量的增加,煤化程度提高,高环多环芳烃的含量呈增加趋势;当煤中碳含量达到一定数值后,随着煤化程度的加深,煤中芳香碳碳键增多,芳香化程度也随之上升,低环多环芳烃分子会进一步缩聚,而大分子多环芳烃与煤中三维聚合结构连接在一起,形成巨大的分子网状结构,导致煤中自由多环芳烃的数量减少[125-126]。此外,有学者认为,芳香族化合物主要来自原煤中石蜡物质的脱氢和芳香化[127]。目前,国内外关于煤中多环芳烃含量和分布规律的研究资料还很少,虽然有一些学者对不同煤种原煤中的多环芳烃进行了研究,得出一些分布规律和环境影响,如表 1-2 所列,但这些研究往往针对的是少量的特定煤种,并未形成完整的分析体系。

此外,煤矸石在堆放和利用的过程中也可能向水体中释放多环芳烃类有机污染物。樊景森等人以峰峰矿区九龙煤矿矸石山为研究对象,在矸石山及周边检测出 8 种多环芳烃含量较高,表明矸石在浸泡、淋溶后会释放有机污染物[136],并迁移至地表水或矿坑排水中,造成煤矿区水环境中多环芳烃含量超标[137-138]。王新伟等人研究发现,煤矸石地表堆积期遭受短期降雨(500～1 600 mm)淋溶后,1 cm 粒度煤矸石溶出的 16 种多环芳烃质量浓度可达125.6～451.2 ng/L;煤矸石中 16 种多环芳烃的溶出量初期较高,在一定降雨期后达到峰值;煤矸石多环芳烃溶出物组成中,2 环>3 环>4 环>5 环、6 环;煤矸石淋溶液中的优势组分是萘、二氢苊、芴、菲,4 组分之和占所测多环芳烃总量的 80%～90%;降雨酸度愈强,煤矸石溶出的多环芳烃种类愈丰富[139]。煤矸石在运输、堆放过程中,随着煤矸石的不断风化,会形成粒径较小的粉尘颗粒,悬浮于大气环境中,对周边环境造成影响,空气中悬浮的小颗粒物被吸入肺部,还会导致气管炎等疾病[140]。此外,煤矸石山还会发生自燃现象,在煤矸石自燃过程中,大量的有毒有害气体释放出来,包括二氧化硫、硫化氢、氮氧化合物和苯并芘等。姜楠等人模拟矸石自燃过程发现,多环芳烃的形成和散失同时存在,低温条件促进矸石山中多环芳烃的形成,在 60～300 ℃条件下,多环芳烃可以快速向环境中释放[141]。

1.5.2　煤矿区土壤环境中的多环芳烃

多环芳烃是一种具有疏水性和亲脂性的有机污染物,易于赋存在土壤颗粒中,使土壤环境成为多环芳烃的重要载体和归趋[140]。由于多环芳烃的辛醇/水分配系数 $\log K_{ow}$ 高(表 1-1),一旦进入土壤就会被吸附到其中的有机质中,长期赋存于土壤中,土壤成为环境中多环芳烃的重要储存库之一[142-143],因此土壤中多环芳烃的研究是探讨多环芳烃环境过程的重要组成部分[144]。同时,储存在土壤中的多环芳烃会影响土壤环境中的植物和动物,最终对人类健康造成危害[145]。目前我国尚未制定土壤中多环芳烃的允许浓度,只规定农用污泥中苯并(a)芘的最高允许含量为 3 $\mu g/g$。Maliszewska-Kordybach[146]曾针对 16 种多环芳烃提出了土壤污染的标准值(表 1-3)。土壤中多环芳烃的含量、种类与其主要来源有密切关系。有研究[147]认为,土壤中典型的内源性多环芳烃浓度范围为 0.001～0.01 $\mu g/g$,其主要来自植物的分解和天然火灾。如果土壤中多环芳烃的含量高于自然值,说明这些土壤均已受到人为因素的影响。由于多环芳烃的危害性和在环境中的持久性,对典型地区多

表 1-2 煤中多环芳烃含量调查

序号	研究区域	样品数	主要煤炭类型	主要结论	PAHs 含量/($\mu g \cdot g^{-1}$)	资料来源
1	淮南矿区	17	烟煤(焦煤)	煤中 3~5 环 PAHs 含量高于 2 环 PAHs 和 6 环 PAHs；煤中多环芳烃总量受煤质等特征影响	5.14~62.69	崔焕滨[128]
2	徐州、阳泉矿区	3	烟煤、无烟煤	多环芳烃以 3~5 环为主	4~27	金保升等[129]
3	河南、山西、山东等矿区	7	烟煤	烟煤中 4~6 环 PAHs 含量高于 2~3 环 PAHs；煤中 PAHs 主要受煤炭湿化性质影响	2.07~6.23	陆胜勇等[122]
4	鄂尔多斯、榆林等矿区	4	褐煤、烟煤	主要为 3~5 环 PAHs，包括范、苯并(a)蒽、屯等	15.14~196.71	刘淑等[130]
5	内蒙古、山东、山西等矿区	16	烟煤、褐煤	煤中 4~6 环 PAHs 含量高于 2~3 环 PAHs；高环 PAHs 含量随着煤变化程度升高而增加；煤炭热解释放的 PAHs 以低环为主	0.005 9~6.231 1	姚艳等[131]
6	兖州、晋城等矿区	24	褐煤、烟煤、无烟煤、石煤	煤中 PAHs 以菲、二苯并(a,h)蒽和苯并(g,h,i)芘为主；煤化程度越高，煤中 PAHs 含量越大	4~20	李晓东等[132]
7	淮北、大同、北京等矿区	11	褐煤、烟煤、无烟煤	煤中 PAHs 和煤质程度、挥发分、C/H 摩尔比有关；烟煤中高环 PAHs 含量较高	0.722~11.420 (12 种多环芳烃)	濮贵新等[133]
8	Unchahar(印度)	1	烟煤	煤中高环 PAHs 含量较高，粉煤灰中较低	4.542	Verma 等[124]
9	Illinois(美国)	6	烟煤、无烟煤	烟煤中 PAHs 含量较高，以 4~6 环为主；煤中 PAHs 含量受碳含量、H/C 摩尔比及 O/C 摩尔比的影响	2.17~25.55	Wang 等[134]
10	Northern Great Plains, Rocky Mountain(美国)	15	PAHs 褐煤、烟煤、无烟煤	烟煤中 PAHs 总含量较高，煤中 PAHs 含量与挥发分含量呈正相关	0.035~11.000	Stout 等[135]

环芳烃进行研究,有助于理解多环芳烃的特征与人为影响的关系。

表 1-3　土壤中多环芳烃污染标准

级别	未受污染	轻度污染	中度污染	重度污染
16 种多环芳烃总含量(干重)/($\mu g \cdot g^{-1}$)	<0.2	0.2~0.6	0.6~1.0	>1.0

目前国内的研究多集中于农田、工业区土壤中 PAHs 的含量、分布、来源和迁移转化特征,以及 PAHs 的物化性质与其环境行为之间的关系、环境因素对 PAHs 的影响、风险评价等方面[148],而对于煤矿区附近土壤中 PAHs 污染状况的研究关注较少。

杨策等人[149]采用 GC-MS 技术分析了平顶山市石龙区土壤样品中 PAHs 污染物的化学组成及分布特征,共检出 78 种 PAHs,包括 11 种 US EPA 优先控制 PAHs,分别是萘、芴、菲、蒽、荧蒽、芘、苯并(a)蒽、䓛、苯并荧蒽[苯并(b)荧蒽与苯并(k)荧蒽之和]和苯并(a)芘。并且发现采矿区、焦化厂区和污灌区土壤中低环数 PAHs 比例远大于高环数 PAHs,农业区与其相反。总体上,土壤样品中菲、荧蒽、芴、芘含量较高,但在不同功能区域芳烃含量差别较大,采矿区及焦化厂区土壤中芳烃含量明显高于污灌区和农业区,并且矸石山附近土壤中芳烃含量最高。因此,认为煤矿开采、加工活跃的区域,土壤中 PAHs 含量高于远离矿区的土壤。刘静静等人[150]利用气相色谱-质谱方法对淮北芦岭煤矿区 17 个代表性土壤样品和一个煤矸石样品进行 28 种 PAHs 测试和分析。结果表明,研究区 28 种 PAHs 总含量(干重)为 0.35~6.21 $\mu g/g$,平均值为 1.69 $\mu g/g$,其中 16 种 US EPA 规定的优先控制 PAHs 总含量(干重)为 0.23~3.53 $\mu g/g$,平均值为 1.00 $\mu g/g$。按照相关评价标准,该区部分土壤受到 PAHs 中度到重度污染,且该区 PAHs 污染来源是煤矸石堆和生物质燃料燃烧。通过毒性评价可知,PAHs 污染土壤的环境风险主要是苯并(a)芘,其毒性等效当量 TEQ 达 6.68%。

王新伟等人[151]在平顶山煤矿十二矿采用 GC-MS 技术对煤矸石、表层土壤及降尘样品中 US EPA 16 种优先控制 PAHs 含量及化学组成进行了检测,综合分析结果表明,煤矸石堆积区表层土壤中 16 种 PAHs 的总含量为 0.94~5.66 $\mu g/g$,属严重污染;表层土壤中 16 种 PAHs 总量与煤矸石山距离呈负相关关系;煤矸石、降尘及表层土壤中 PAHs 以 3 环为主,煤矸石扬尘沉降、煤矸石燃烧、原煤煤尘降落和燃烧对土壤环境 PAHs 均有输入。

赵欧亚等人[152]调查了迁安煤矿区农田土壤中优先控制的 16 种 PAHs 质量比,结果表明,煤矿区农田土壤中 16 种 PAHs 总量为 118.10~1 042.31 $\mu g/kg$,平均质量比为 487.53 $\mu g/kg$。单体萘平均质量比最高,为 115.35 $\mu g/kg$。该区 16 种 PAHs 质量比变异系数范围为 38.9%~89.8%,其中苯并(b)荧蒽、荧蒽、芘与苯并(a)芘空间变异系数均在 75% 以上,属于高度变异,且各采样点中 16 种 PAHs 单体均 100% 检出。该煤矿区农田土壤中 PAHs 质量比按环数分布从大到小为 4 环(30.3%)、2 环(23.7%)、3 环(17.8%)、5 环(15.8%)、6 环(13.8%),以 2~4 环为主。与国内其他研究相比,迁安煤矿区农田土壤中 PAHs 总量要低于河北省大清河流域、广州周边和江苏省吴江市农田土壤,但高于杭州、南京、宜兴和慈溪市等农田土壤,与福州市农田土壤相当。

杨柯等人[153]对平朔矿区所有复垦场地土壤中PAHs进行了系统的调查研究,结果表明:土壤中16种优先控制PAHs的含量范围为213.60~2 513.20 mg/kg,均值为717.09 mg/kg。PAHs成分特征显示主要以3~4环为主(52%),5~6环次之(42%),2环所占比例最低(6%)。平朔煤矿工业场地表层土壤中16种优先控制PAHs含量高于淮南、淮北煤矿区和平顶山煤矿矸石场土壤水平,与郴州市煤矿工业场地水平近似;平朔煤矿区所有的采样点土壤中PAHs含量远远高于未受人类活动干扰的农业土壤中PAHs本底值(100 mg/kg)[154],说明该矿区土壤均受到较为强烈的人为活动干扰。

贾海滨等人[155]以唐山市某典型煤矿区农地表层土壤样品为研究对象,在煤矿区不同点位采集表层土壤样品,并以该区未受PAHs污染的土壤样品作为对照,以GC-MS技术测定土壤中16种PAHs含量。结果表明:煤矿区各采样点农地土壤中萘、苯并(g,h,i)苝、茚并(1,2,3-c,d)芘、二苯并(a,h)蒽、苯并(b)荧蒽、荧蒽、苯并(a)蒽、䓛、芘、苯并(a)芘和苯并(k)荧蒽含量基本达到了对照组的5倍以上。在空间分布上,萘、芴、菲、蒽和二苯并(a,h)蒽为分异型,而其余PAHs则属于强分异型,不同采样点之间PAHs差异较大。比值法解析PAHs的来源结果表明,该煤矿区农地土壤中PAHs主要来源于焦化厂、钢厂等工厂和煤、石油等化石燃料燃烧以及交通车辆尾气排放;聚类分析法结果表明,PAHs来源主要包括石油泄漏、化石燃料(石油和煤)燃烧以及交通尾气排放。联合两种方法将不同污染水平点位在煤矿区不同方位上PAHs的来源进行了细化分析,认为煤矿区北部、中部、南部区域土壤中PAHs可能更多受石油等化石燃料燃烧影响,而西部偏北方向土壤中PAHs可能更多受生物质及煤炭等燃料燃烧影响。

1.5.3 煤矿区水环境中的多环芳烃

研究表明,矿区煤、煤矸石的淋溶、自燃和人工过程都会向水环境中排入大量的PAHs,表1-4是我国部分煤矿塌陷区水体、矿井水中PAHs的测试数据。由表可见,塌陷地积水中PAHs含量分布在0.002 5~0.529 μg/L,相对而言,煤矿矿井水中PAHs含量普遍较高,现有的调查中最高可达2.913 μg/L。可能的原因包括:① 井下煤、煤矸石、沉积物、废弃油料中的PAHs长期释放,造成矿井水中PAHs含量较高;② 在废弃矿井环境中,PAHs及其他有机物质不易被光降解;③ 井下温度变化相对较小,PAHs不易发生热解[10]。陈晶对淮南矿区水、土等环境介质的检测发现,矿区各环境介质中都可检出PAHs类有机污染物,且检出的16种PAHs的含量都超过US EPA标准[86,156]。

表1-4 我国部分煤矿塌陷区水体、矿井水中PAHs分布

矿区名称	水体类型	含量/(μg·L^{-1})	数据来源
李一矿	采煤塌陷地积水	0.100	陈晶[156]
谢一矿		0.024	
大同煤矿		0.082	
九龙岗煤矿		0.002 5	
合山矿区		0.294~0.529	Huang等人[157]

表 1-4（续）

矿区名称	水体类型	含量/(μg·L⁻¹)	数据来源
平顶山煤矿	矿井水	$0.031 \sim 0.341$	杨策等人[158]
乌达矿区		1.09	敖卫华等人[159]
峰峰矿区		$(0.51 \sim 0.68) \times 10^{-3}$	郝春明等人[160]
南定煤矿		1.737	张建立等人[137]
西河煤矿		2.913	

矿井水中存在的 PAHs 可能来自井下人类生产和生活过程所排放的物质,植物成煤过程中吸附在煤层中的低分子有机化合物的释放,以及井下设备所用的润滑油、乳化油及乳化液等的泄漏。这些 PAHs 类污染物往往随着矿井水迁移污染区域地下水和地表水,增加水环境生态风险。近年来,学者对矿区水体 PAHs 的来源及污染情况进行了研究。Goodarzi 等人[161]利用同分异构体比值法研究 Nova Scotia 地区地下水中 PAHs 时,认为其主要来源于煤层中煤的淋滤。

张建立等人[137]对山东淄博煤矿区的煤、煤矸石、矿坑排水、煤矸石淋滤水以及煤矿地下水中 PAHs 的含量进行了测试研究,发现淄博矿矿煤及煤矸石中含有 PAHs,并在矿坑排水及煤矸石淋滤水中检出 PAHs,同时,在双沟矿区地下水中检出 PAHs,且致癌的 PAHs 含量高于矿坑排水及煤矸石淋滤水,苯并(a)芘含量超过国家饮用水水质标准;矿坑排水及煤矸石淋滤水中的 PAHs 主要来源于煤及煤矸石的淋滤作用,矿区地下水中的 PAHs 则可能来源于地下煤层的淋滤。

杨策等人[162]采集了 23 个石龙区地表水样和地下水样,检测其中 2~7 环芳烃类化合物含量,共检出了 14 种优先控制 PAHs。水环境样品中,3~4 环芳烃化合物含量普遍较高,2 环和 5 环芳烃含量较低,6 环和 7 环芳烃含量极低。所检测的地表水水样中 PAHs 含量为 $0.068 \sim 8.377 \ \mu g/L$,远高于厦门西港表层海水。地下水水样中优先控制 PAHs 含量为 $0.043 \sim 0.47 \ \mu g/L$,高于某自来水厂水源地上游优先控制 PAHs 的含量。此外,研究发现,水环境中芳烃主要来源于煤及其不完全燃烧产物,但相对于地表水来说,地下水环境受化石燃料燃烧的影响较小。

陈琳[163]以徐州矿区为例,通过对煤、矿井水及井下废弃物中 16 种 US EPA 规定的优先控制 PAHs 进行测定,研究了 PAHs 的种类、含量、分布、来源及生态风险,同时模拟研究了废弃矿井中煤在封闭条件下 PAHs 的释放规律,结果表明,水中 PAHs 的组成以低环 PAHs 为主,高环 PAHs 的含量较低。根据比值法和已有的文献分析,研究区矿井水中 PAHs 主要来源于大气降水及地表水补给、煤及煤矸石淋滤释放,也可能与井下人为排放废弃物有关。

郝春明等人[164]基于对峰峰矿区 16 个不同类型的水样品,对废弃煤矿矿井水中菲的分布特征进行了分析,并根据环境同位素和水化学成分与菲含量的相互关系分析了其污染来源。结果表明,峰峰矿区废弃矿井水中菲的质量浓度为 0.10~0.30 ng/L,平均值为 0.21 ng/L。菲在矿区不同水体中赋存浓度大小表现为地表水>废弃矿井水>太灰水≥潜水≥奥灰水,除了地表水外,废弃矿井水中菲质量浓度普遍高于矿区其他水体 5 倍左右,表明废弃矿井水溶解了更多的菲。废弃矿井水的充水水源为奥灰水,奥灰水在回升过程中与残留煤发生了水-岩作用,溶解了更多的硅酸盐和低^{34}S硫化矿物,导致菲含量偏高于其他水体。

水体中的PAHs主要以溶解态和颗粒态形式存在,其中溶解态的PAHs可以通过挥发进入大气,对大气质量造成影响。颗粒态PAHs通常吸附于颗粒物上,随后沉降到底泥中,当上覆水体中的PAHs浓度降低或者水体受到扰动时,PAHs会从沉积物中释放出来,形成二次污染。另外,水中的PAHs会通过食物链传递并逐级放大,影响人体健康。

1.6 本章小结

综上所述,虽然国内外学者对废弃煤矿矿井水污染模拟、地下水有机污染机理以及迁移转化模拟等方面进行了一些研究,但还需进一步完善:

(1)针对废弃矿井可能诱发的地下水污染研究仍处于初期阶段,对废弃矿井地下水污染机理的研究主要集中在高矿化度、铁锰、硫酸盐污染以及酸性矿井水问题上,对废弃矿井地下水有机污染研究比较空缺,地下水微量的有机污染物往往具有"三致"危害,应受到足够的重视,因此需结合废弃矿井实例深入开展地下水典型有机污染物及其形成条件、污染物分布以及迁移转化机理研究,对废弃矿井地下水环境监测与管理工作提供支持。

(2)国内外针对地下水中多环芳烃等有机污染物的研究成果主要集中在土壤、包气带和浅层地下水中的迁移转化,对深层地下水中多环芳烃的迁移转化研究较少,特别是针对废弃矿井封闭环境中复杂的水动力和水化学条件下多环芳烃的转化迁移机理及其归趋缺乏深入研究,废弃矿井含水介质、地下水动力场、化学场以及水温条件与土壤、包气带和浅层地下水环境大不相同,多环芳烃的转化以及迁移机理和规律也有明显差异,因此这方面的研究还需加强。

参考文献

[1] 蹇兴超.多环芳烃(PAH)的污染[J].环境保护,1995(10):31-33.

[2] RUBIO S, GOMEZ-HENS A, VALCARCEL M. Analytical applications of synchronous fluorescence spectroscopy[J].Talanta,1986,33(8):633-640.

[3] TITTLEMIER S A,BLANK D H,GRIBBLE G W,et al.Structure elucidation of four possible biogenic organohalogens using isotope exchange mass spectrometry[J]. Chemosphere,2002,46(4):511-517.

[4] 申连玉.多环芳烃菲在土壤矿物表面的吸附与光解行为[D].南京:南京农业大学,2016.

[5] 王连生,孔令仁,常城.17种多环芳烃在水溶液中的光解[J].环境化学,1991,10(2):15-20.

[6] 戴仕林,王新胜,吴启南.水生药用植物黑三棱对多环芳烃的吸收、分布和代谢研究[J].中国民族民间医药,2017,26(23):21-25.

[7] 吴云霄.生物因素对土壤中多环芳烃的降解机制[J].环境污染与防治,2018,40(7):765-769.

[8] 荣秋雨,徐露,徐传红.土壤环境中多环芳烃生物降解及修复研究综述[J].甘肃科技,2017,33(20):37-39,22.

［9］ GULLETT B K,TOUATI A.PCDD/F emissions from forest fire simulations［J］. Atmospheric environment,2003,37(6):803-813.

［10］ 蓝家程.岩溶地下河系统中多环芳烃的迁移、分配及生态风险研究［D］.重庆:西南大学,2014.

［11］ WEBER K,GOERKE H.Persistent organic pollutants(POPs) in Antarctic fish: levels,patterns,changes［J］.Chemosphere,2003,53(6):667-678.

［12］ TAY C K,BINEY C A.Levels and sources of polycyclic aromatic hydrocarbons (PAHs) in selected irrigated urban agricultural soils in Accra,Ghana［J］.Environmental earth sciences,2013,68(6):1773-1782.

［13］ WANG R W,SUN R Y,LIU G J,et al.A review of the biogeochemical controls on the occurrence and distribution of polycyclic aromatic compounds(PACs) in coals ［J］.Earth-science reviews,2017,171:400-418.

［14］ WANG X P,YAO T D,CONG Z Y,et al.Concentration level and distribution of polycyclic aromatic hydrocarbons in soil and grass around Mt. Qomolangma,China ［J］.Chinese science bulletin,2007,52(10):1405-1413.

［15］ LIU Y,CHEN L,HUANG Q H,et al.Source apportionment of polycyclic aromatic hydrocarbons(PAHs) in surface sediments of the Huangpu River,Shanghai,China ［J］.Science of the total environment,2009,407(8):2931-2938.

［16］ JERRY M N.Polycyclic aromatic hydrocarbons in the aquatic environment:sources,fates and biological effects［M］.Barking Essex IG11 OSA,England:Elsevier's Applied Science Publishers Ltd.,1979.

［17］ 傅钢.煤燃烧过程中多环芳烃类有机污染物排放特性的研究［D］.杭州:浙江大学,2002.

［18］ 袁晶晶,笪春年,王儒威,等.淮南燃煤电厂烟气中颗粒相和气相中多环芳烃的赋存特征［J］.环境化学,2018,37(6):1382-1390.

［19］ 邹祎萍,娄满君,么琳颖,等.燃煤电厂土壤中多环芳烃污染特征及其源解析［J］.矿业科学学报,2019,14(2):170-178.

［20］ 王培俊,刘俐,李发生,等.炼焦过程产生的污染物分析［J］.煤炭科学技术,2010,38(12):114-118.

［21］ 刘大锰,王玮,李运勇.首钢焦化厂环境中多环芳烃分布赋存特征研究［J］.环境科学学报,2004,24(4):746-749.

［22］ 董瑞斌,许东风,刘雷,等.多环芳烃在环境中的行为［J］.环境与开发,1999,14(4):10-11,45.

［23］ LANGE C R,STROUP-GARDINER M.Temperature-dependent chemical-specific emission rates of aromatics and polyaromatic hydrocarbons(PAHs) in bitumen Fume［J］.Journal of occupational and environmental hygiene,2007,4(sup1):72-76.

［24］ DEYGOUT F,CARRÉ D,AUBURTIN G,et al.Personal exposure to PAHs in the refinery during truck loading of bitumen［J］.Journal of occupational and environmental hygiene,2011,8(10):D97-D100.

［25］ WANG Y,XU Y,CHEN Y J,et al.Influence of different types of coals and stoves on the emissions of parent and oxygenated PAHs from residential coal combustion in China[J].Environmental pollution,2016,212:1-8.

[26] 陈颖军,冯艳丽,支国瑞,等.民用煤室内燃烧条件下多环芳烃的排放特征[J].地球化学,2007,36(1):49-54.

[27] 朱利中,王静,江斌焕.厨房空气中 PAHs 污染特征及来源初探[J].中国环境科学,2002,22(2):142-145.

[28] WU F Y,LIU X P,WANG W,et al.Characterization of particulate-bound PAHs in rural households using different types of domestic energy in Henan Province,China[J].Science of the total environment,2015,536:840-846.

[29] ÖMAN C B,JUNESTEDT C.Chemical characterization of landfill leachate-400 parameters and compounds[J].Waste management,2008,28(10):1876-1891.

[30] YASUDA K,TAKAHASHI M.The emission of polycyclic aromatic hydrocarbons from municipal solid waste incinerators during the combustion cycle[J].Journal of the air & waste management association,1998,48:441-447.

[31] WEBER R,IINO F,IMAGAWA T,et al.Formation of PCDF,PCDD,PCB,and PCN in de novo synthesis from PAH:mechanistic aspects and correlation to fluidized bed incinerators[J].Chemosphere,2001,44(6):1429-1438.

[32] 田荣,刘玉山,蒋玉萍,等.生活垃圾焚烧底渣中重金属和多环芳烃的浸出实验研究[J].四川环境,2007,26(4):19-23.

[33] JOHANSSON I,VAN BAVEL B.Polycyclic aromatic hydrocarbons in weathered bottom ash from incineration of municipal solid waste[J].Chemosphere,2003,53(2):123-128.

[34] ST HELEN G,GONIEWICZ M L,DEMPSEY D,et al.Exposure and kinetics of polycyclic aromatic hydrocarbons (PAHs) in cigarette smokers[J].Chemical research in toxicology,2012,25(4):952-964.

[35] ZANIERI L,GALVAN P,CHECCHINI L,et al.Polycyclic aromatic hydrocarbons (PAHs) in human milk from Italian women:influence of cigarette smoking and residential area[J].Chemosphere,2007,67(7):1265-1274.

[36] 焦云,田恒,李婷婷,等.香烟燃烧排放的主流烟气中 PAHs 的含量检测研究[J].环境监控与预警,2012,4(3):24-28.

[37] LIU S Z,TAO S,LIU W X,et al.Seasonal and spatial occurrence and distribution of atmospheric polycyclic aromatic hydrocarbons (PAHs) in rural and urban areas of the North Chinese Plain[J].Environmental pollution,2008,156(3):651-656.

[38] YIM U H,HONG S H,SHIM W J,et al.Spatio-temporal distribution and characteristics of PAHs in sediments from Masan Bay,Korea[J].Marine pollution bulletin,2005,50(3):319-326.

[39] CHRISTENSEN E R,BZDUSEK P A.Corrigendum to "PAHs in sediments of the Black River and the Ashtabula River,Ohio:source apportionment by factor analysis" [Water research 39(2005)511-524][J].Water research,2012,46(19):6585.

[40] 孟凡生,王业耀,张铃松,等.河流中多环芳烃迁移转化研究综述[J].人民黄河,2013,35(1):49-52,56.

[41] TAO S,CUI Y H,XU F L,et al.Polycyclic aromatic hydrocarbons (PAHs) in agricultural soil and vegetables from Tianjin[J].Science of the total environment,2004,320(1):11-24.

[42] GIGLIOTTI C L,BRUNCIAK P A,DACHS J,et al.Air-water exchange of polycyclic aromatic hydrocarbons in the New York-New Jersey, USA, Harbor Estuary[J]. Environmental toxicology and chemistry,2002,21(2):235-244.

[43] XIA G S,PIGNATELLO J J.Detailed sorption isotherms of polar and apolar compounds in a high-organic soil[J].Environmental science & technology,2001,35(1):84-94.

[44] XING B S,PIGNATELLO J J.Dual-mode sorption of low-polarity compounds in glassy poly(vinyl chloride) and soil organic matter[J].Environmental science & technology,1997,31(3):792-799.

[45] ROCKNE K J,SHOR L M,YOUNG L Y,et al.Distributed sequestration and release of PAHs in weathered sediment:the role of sediment structure and organic carbon properties[J].Environmental science & technology,2002,36(12):2636-2644.

[46] SHANG J, CHEN J, SHEN Z Y, et al. Photochemical degradation of PAHs in estuarine surface water: effects of DOM, salinity, and suspended particulate matter[J].Environmental science and pollution research,2015,22(16):12374-12383.

[47] ONOZATO M,SUGAWARA T,NISHIGAKI A,et al.Study on the degradation of polycyclic aromatic hydrocarbons (PAHs) in the excrement of marphysa sanguinea [J].Polycyclic aromatic compounds,2012,32(2):238-247.

[48] 田华,刘哲,赵璐,等.土壤中多环芳烃菲的自然降解特性[J].环境工程学报,2015,9(8):4055-4060.

[49] 韩菲.多环芳烃来源与分布及迁移规律研究概述[J].气象与环境学报,2007,23(4):57-61.

[50] YANG Y,ZHANG N,XUE M,et al.Effects of soil organic matter on the development of the microbial polycyclic aromatic hydrocarbons (PAHs) degradation potentials[J].Environmental pollution,2011,159(2):591-595.

[51] 丁佳.银川地区潜水含水层弥散参数试验确定方法研究[D].西安:长安大学,2010.

[52] 王威.浅层地下水中石油类特征污染物迁移转化机理研究[D].长春:吉林大学,2012.

[53] SHI Z, TAO S, PAN B, et al. Partitioning and source diagnostics of polycyclic aromatic hydrocarbons in rivers in Tianjin,China[J].Environmental pollution,2007,146(2):492-500.

[54] KARICKHOFF S W,BROWN D S,SCOTT T A.Sorption of hydrophobic pollutants on natural sediments[J].Water research,1979,13(3):241-248.

[55] 张大庚,依艳丽,郑西来,等.土壤对石油烃吸附及其释放规律的研究[J].沈阳农业大学学报,2005,36(1):53-56.

[56] 张晶.三氯乙烯在包气带介质中的吸附行为特征研究[D].北京:中国地质大学(北京),2010.

[57] XIA G S,BALL W P.Polanyi-based models for the competitive sorption of low-polarity organic contaminants on a natural sorbent[J].Environmental science & technology,2000, 34(7):1246-1253.

[58] 韦尚正.硝基苯类化合物在土壤和砂质上的竞争吸附研究[D].北京:华北电力大学(北京),2010.

[59] 蓝家程,孙玉川,肖时珍.多环芳烃在岩溶地下河表层沉积物-水相的分配[J].环境科学,2015,36(11):4081-4087.

[60] 葛成军,俞花美.多环芳烃在土壤中的环境行为研究进展[J].中国生态农业学报, 2006,14(1):162-165.

[61] 郑一,王学军,李本纲,等.天津地区表层土壤多环芳烃含量的中尺度空间结构特征[J].环境科学学报,2003,23(3):311-316.

[62] TENG Y,SHEN Y Y,LUO Y M,et al.Influence of *Rhizobium meliloti* on phytoremediation of polycyclic aromatic hydrocarbons by alfalfa in an aged contaminated soil [J].Journal of hazardous materials,2011,186(2/3):1271-1276.

[63] 邵一先.郭庄泉岩溶水系统中多环芳烃的分布与归趋研究[D].武汉:中国地质大学(武汉),2014.

[64] VELA N,MARTÍNEZ-MENCHÓN M,NAVARRO G,et al.Removal of polycyclic aromatic hydrocarbons (PAHs) from groundwater by heterogeneous photocatalysis under natural sunlight[J].Journal of photochemistry and photobiology A:chemistry, 2012,232:32-40.

[65] 李桂春,赵文超,刘彦飞.UV-Fenton试剂处理含乳化液(油)矿井水的实验[J].黑龙江科技学院学报,2011,21(1):11-15.

[66] THULLNER M,CENTLER F,RICHNOW H H,et al.Quantification of organic pollutant degradation in contaminated aquifers using compound specific stable isotope analysis:review of recent developments[J].Organic geochemistry,2012,42(12): 1440-1460.

[67] ARULAZHAGAN P,VASUDEVAN N.Biodegradation of polycyclic aromatic hydrocarbons by a halotolerant bacterial strain *Ochrobactrum* sp.VA1[J].Marine pollution bulletin,2011,62(2):388-394.

[68] DIEZ M C.Biological aspects involved in the degradation of organic pollutants[J]. Journal of soil science and plant nutrition,2010,10(3):244-267.

[69] THORNTON S F,BRIGHT M I,LERNER D N,et al.Attenuation of landfill leachate by UK Triassic sandstone aquifer materials:2.Sorption and degradation of organic pollutants in laboratory columns [J].Journal of contaminant hydrology,2000, 43(3/4):355-383.

[70] 陈秀鹃,姜丽佳,孙靖云,等.微生物降解多环芳烃的研究进展[J].现代化工,2018, 38(10):34-37.

[71] LIN M,HU X K,CHEN W W,et al.Biodegradation of phenanthrene by *Pseudomonas* sp. BZ-3,isolated from crude oil contaminated soil[J].International biodeterioration & biodegradation,2014,94:176-181.

[72] FINKELSTEIN Z I,BASKUNOV B P,GOLOVLEV E L,et al.Fluorene transformation by bacteria of the genus *Rhodococcus*[J].Microbiology,2003,72(6):660-665.

[73] SÀÁGUA M C,BAETA H L,ANSELMO A M.Microbiological characterization of a coke oven contaminated site and evaluation of its potential for bioremediation[J]. World journal of microbiology and biotechnology,2002,18(9):841-845.

[74] FEITKENHAUER H,MÜLLER R,MÄRKL H.Degradation of polycyclic aromatic hydrocarbons and long chain alkanes at 6070 ℃ by *Thermus* and *Bacillus* spp.[J]. Biodegradation,2003,14(6):367-372.

[75] WEISSENFELS W D,BEYER M,KLEIN J.Degradation of phenanthrene,fluorene and fluoranthene by pure bacterial cultures[J].Applied microbiology and biotechnology,1990,32 (4):479-484.

[76] 李全霞,范丙全,龚明波,等.降解芘的分枝杆菌 M11 的分离鉴定和降解特性[J].环境科学,2008,29(3):763-768.

[77] SIPILÄ T P,VÄISÄNEN P,PAULIN L,et al.*Sphingobium* sp.HV3 degrades both herbicides and polyaromatic hydrocarbons using *ortho-* and *meta-* pathways with differential expression shown by RT-PCR[J].Biodegradation,2010,21(5):771-784.

[78] 肖盟,尹向阳,马红蕾,等.多环芳烃降解菌的筛选及其降解性能的强化[J].煤炭科学技术,2018,46(9):75-80.

[79] 雷萍,聂麦茜,张志杰,等.一株多环芳烃降解菌在焦化废水降解中的应用研究[J].西安交通大学学报,2001,35(10):1055-1058.

[80] 王丽平,郑丙辉,隋晓斌,等.一株高效多环芳烃芘降解菌株的筛选鉴定及其特性研究[J].海洋环境科学,2010,29(6):799-803.

[81] 徐虹,章军,刘陈立,等.PAHs 降解菌的分离、鉴定及降解能力测定[J].海洋环境科学,2004,23(3):61-64.

[82] 顾平,周启星,王鑫,等.一株苯并[a]芘降解菌-紫茉莉联合修复污染土壤的研究[J].环境科学学报,2018,38(4):1613-1620.

[83] 张丽秀,李岩,李橙,等.镰刀菌-淀粉-苜蓿对煤矿区污染土壤 HMW-PAHs 的修复[J].水土保持学报,2017,31(5):350-355.

[84] SHAO Y X,WANG Y X,WU X,et al.Biodegradation of PAHs by *Acinetobacter* isolated from karst groundwater in a coal-mining area[J].Environmental earth sciences, 2015,73(11):7479-7488.

[85] 乔琦.铜绿假单胞菌 NY3 胞外活性物降解多环芳烃的特性及机理研究[D].西安:西安建筑科技大学,2018.

[86] TIMMIS K N,STEFFAN R J,UNTERMAN R.Designing microorganisms for the treatment of toxic wastes[J].Annual review of microbiology,1994,48(1):525-557.

[87] CERNIGLIA C E,YANG S K.Stereoselective metabolism of anthracene and phenan-

threne by the fungus *Cunninghamella elegans*[J].Applied and environmental micro-biology,1984,47(1):119-124.

[88] 曹晓星.多环芳烃降解菌的共代谢及其相关酶的研究[D].厦门:厦门大学,2006.

[89] DI GENNARO P,RESCALLI E,GALLI E,et al.Characterization of *Rhodococcus opacus* R7,a strain able to degrade naphthalene and o-xylene isolated from a polycyclic aromatic hydrocarbon-contaminated soil[J].Research in microbiology,2001,152(7):641-651.

[90] 刘世荣.微生物在多环芳烃降解应用中的机理及其研究趋势[J].现代商贸工业,2008(8):379-380.

[91] 盛下放,何琳燕,胡凌飞.苯并[a]芘降解菌的分离筛选及其降解条件的研究[J].环境科学学报,2005,25(6):791-795.

[92] CHANG B V,SHIUNG L C,YUAN S Y.Anaerobic biodegradation of polycyclic aromatic hydrocarbon in soil[J].Chemosphere,2002,48(7):717-724.

[93] 张丽君.地下水脆弱性和风险性评价研究进展综述[J].水文地质工程地质,2006(6):113-119.

[94] 滕彦国,苏洁,翟远征,等.地下水污染风险评价的迭置指数法研究综述[J].地球科学进展,2012,27(10):1140-1147.

[95] 李玮.再生水灌溉条件下浅层地下水污染风险评价方法研究[D].北京:中国地质大学（北京）,2013.

[96] 李加付.渤海及邻近海域表层沉积物中多环芳烃的来源、生态风险和健康风险评估[D].青岛:中国海洋大学,2015.

[97] 苗迎,孔祥胜,李成展.重工业城市岩溶地下水中多环芳烃污染特征及来源[J].环境科学,2019,40(1):239-247.

[98] 王潇媛,郭纯青,裴建国,等.清水泉岩溶地下水中多环芳烃污染特征及来源[J].南水北调与水利科技,2015,13(2):274-278.

[99] RAZA M,HUSSAIN F,LEE J Y,et al.Groundwater status in Pakistan:a review of contamination,health risks,and potential needs[J].Critical reviews in environmental science and technology,2017,47(18):1713-1762.

[100] WARĘŻAK T,WŁODARCZYK-MAKUŁA M,SADECKA Z.Accumulation of PAHs in plants from vertical flow-constructed wetland[J].Desalination and water treatment,2016,57(3):1273-1285.

[101] 昌盛,耿梦娇,刘琰,等.滹沱河冲洪积扇地下水中多环芳烃的污染特征[J].中国环境科学,2016,36(7):2058-2066.

[102] 孔祥胜,苗迎,栾日坚,等.重工业区高脆弱岩溶含水层中多环芳烃污染的初步研究[J].中国岩溶,2015,34(4):331-340.

[103] UGOCHUKWU U C,OCHONOGOR A.Groundwater contamination by polycyclic aromatic hydrocarbon due to diesel spill from a telecom base station in a Nigerian City:assessment of human health risk exposure[J].Environmental monitoring and assessment,2018,190(4):249-262.

[104] 胡健.贵阳市大气-水体-土壤环境中多环芳烃的研究[D].贵阳:中国科学院,2005.

[105] KAMAL A,CINCINELLI A,MARTELLINI T,et al.Health and carcinogenic risk evaluation for cohorts exposed to PAHs in petrochemical workplaces in Rawalpindi City(Pakistan)[J].International journal of environmental health research,2016, 26(1):37-57.

[106] BESOMBES J L,MAÎTRE A,PATISSIER O,et al.Particulate PAHs observed in the surrounding of a municipal incinerator[J].Atmospheric environment,2001, 35(35):6093-6104.

[107] 雷廷.基于溶质运移的地下水有机污染健康风险评价方法研究[D].北京:中国地质科学院,2014.

[108] 蓝家程,孙玉川,田萍,等.岩溶地下河流域水中多环芳烃污染特征及生态风险评价[J].环境科学,2014,35(10):3722-3730.

[109] 董志贵.地下水污染风险评价方法研究及软件设计开发[D].哈尔滨:东北农业大学,2008.

[110] CHISALA B N,TAIT N G,LERNER D N.Evaluating the risks of methyl tertiary butyl ether(MTBE)pollution of urban groundwater[J].Journal of contaminant hydrology,2007,91(1/2):128-145.

[111] SWAINE D J.Why trace elements are important[J].Fuel processing technology, 2000,65/66:21-33.

[112] ZHAO Z B,LIU K L,XIE W,et al.Soluble polycyclic aromatic hydrocarbons in raw coals[J].Journal of hazardous materials,2000,73(1):77-85.

[113] LIU K L,XIE W,ZHAO Z B,et al.Investigation of polycyclic aromatic hydrocarbons in fly ash from fluidized bed combustion systems[J].Environmental science & technology,2000,34(11):2273-2279.

[114] CHEN Y J,SHENG G Y,BI X H,et al.Emission factors for carbonaceous particles and polycyclic aromatic hydrocarbons from residential coal combustion in China[J]. Environmental science & technology,2005,39(6):1861-1867.

[115] CHEN Y J,BI X H,MAI B X,et al.Emission characterization of particulate/gaseous phases and size association for polycyclic aromatic hydrocarbons from residential coal combustion[J].Fuel,2004,83(7/8):781-790.

[116] 何兴舟.室内燃煤空气污染与肺癌及遗传易感性:宣威肺癌病因学研究 22 年[J].实用肿瘤杂志,2001,16(6):369-370.

[117] 马利英,董泽琴,吴可嘉,等.贵州农村地区冬季典型燃料产生的室内空气 $PM_{2.5}$ 和 CO 排放污染特征研究[J].地球与环境,2013,41(6):638-646.

[118] 孙中诚,王徽枢.煤地球化学[M].北京:煤炭工业出版社,1996.

[119] 李晓东,祁明峰,尤孝方,等.烟煤燃烧过程中多环芳烃生成研究[J].中国电机工程学报,2002,22(12):127-132.

[120] 刘大锰,刘志华,李运勇.煤中有害物质及其对环境的影响研究进展[J].地球科学进展,2002,17(6):840-847.

[121] 李晓东,傅钢,尤孝方,等.不同煤种燃烧生成多环芳烃的研究[J].热能动力工程, 2003,18:125-127.

[122] 陆胜勇,王丽英,李晓东,等.烟煤中多环芳烃分布特征的初步研究[J].环境科学研究, 2002,15(4):7-9,19.

[123] LAUMANN S, MICIĆ V, KRUGE M A, et al. Variations in concentrations and compositions of polycyclic aromatic hydrocarbons (PAHs) in coals related to the coal rank and origin[J].Environmental pollution,2011,159(10):2690-2697.

[124] VERMA S K, MASTO R E, GAUTAM S, et al. Investigations on PAHs and trace elements in coal and its combustion residues from a power plant[J].Fuel,2015, 162:138-147.

[125] 何选明.煤化学[M].2 版.北京:冶金工业出版社,2010.

[126] 周宏仓.流化床煤部分气化/半焦燃烧多环芳烃生成与排放特性的研究[D].南京:东南大学,2005.

[127] 董洁.煤热解过程中 PAHs 的形成及其催化裂解特性[D].太原:太原理工大学,2013.

[128] 崔焕滨.淮南地区原煤及其燃烧产物中多环芳烃的研究[D].淮南:安徽理工大学,2009.

[129] 金保升,周宏仓,仲兆平,等.三种不同中国煤中多环芳烃的分布特征研究[J].锅炉技术,2004,35(1):1-4.

[130] 刘淑琴,王媛媛,张尚军,等.四种低阶煤中多环芳烃的分布特征[J].煤炭科学技术, 2010,38(11):120-124.

[131] 姚艳,严建华,陆胜勇,等.原煤中多环芳烃含量特性的初步研究[J].热力发电,2003 (4):5-8.

[132] 李晓东,姚艳,严建华,等.中国部分煤种二氯甲烷萃取液中极性和烃类有机物分布特性研究[J].燃料化学学报,2002,30(6):529-534.

[133] 濮贵新,单忠健.不同煤中多环芳烃分布的初步研究[J].环境化学,1986,5(5):17-23.

[134] WANG R W, LIU G J, ZHANG J M, et al. Abundances of polycyclic aromatic hydro-carbons (PAHs) in 14 Chinese and American coals and their relation to coal rank and weathering[J].Energy & fuels,2010,24(11):6061-6066.

[135] STOUT S A, EMSBO-MATTINGLY S D.Concentration and character of PAHs and other hydrocarbons in coals of varying rank:implications for environmental studies of soils and sediments containing particulate coal[J].Organic geochemistry,2008, 39(7):801-819.

[136] 樊景森,孙玉壮,牛红亚,等.九龙煤矿煤矸石山对环境的有机污染[J].环境污染与防治,2009,31(1):101-103.

[137] 张建立,潘懋,钟佐燊,等.山东淄博煤矿区环境中多环芳烃的初步研究[J].煤田地质与勘探,2002,30(2):7-9.

[138] 余运波,汤鸣皋,钟佐燊,等.煤矸石堆放对水环境的影响:以山东省一些煤矸石堆为例[J].地学前缘,2001,8(1):163-169.

[139] 王新伟,钟宁宁,韩习运.煤矸石堆积下多环芳烃的淋溶污染特征[J].环境工程学报,

2013,7(9):3594-3600.

[140] 刘静静.典型煤矿区土壤中烃类化合物的地球化学循环研究[D].合肥:中国科学技术大学,2014.

[141] 姜楠,杨锋杰,孟彦如,等.煤矸石自燃过程中多环芳烃含量的变化研究[J].工业安全与环保,2015,41(4):69-72.

[142] WILCKE W.SYNOPSIS polycyclic aromatic hydrocarbons (PAHs) in soil:a review [J].Journal of plant nutrition and soil science,2000,163(3):229-248.

[143] ZACCONE C,GALLIPOLI A,COCOZZA C,et al.Distribution patterns of selected PAHs in bulk peat and corresponding humic acids from a Swiss ombrotrophic bog profile[J].Plant and soil,2009,315(1/2):35-45.

[144] YUAN G L,WU H Z,FU S,et al.Persistent organic pollutants (POPs) in the topsoil of typical urban renewal area in Beijing,China:status,sources and potential risk[J].Journal of geochemical exploration,2014,138:94-103.

[145] LI J,HUANG Y,YE R,et al.Source identification and health risk assessment of persistent organic pollutants (POPs) in the topsoils of typical petrochemical industrial area in Beijing,China[J].Journal of geochemical exploration,2015,158: 177-185.

[146] MALISZEWSKA-KORDYBACH B.Polycyclic aromatic hydrocarbons in agricultural soils in Poland:preliminary proposals for criteria to evaluate the level of soil contamination[J].Applied geochemistry,1996,11(1/2):121-127.

[147] EDWARDS N T.Polycyclic aromatic hydrocarbons (PAHs) in the terrestrial environment:a review[J].Journal of environmental quality,1983,12(4):427-441.

[148] KOTTLER B D,ALEXANDER M.Relationship of properties of polycyclic aromatic hydrocarbons to sequestration in soil[J].Environmental pollution,2001,113(3): 293-298.

[149] 杨策,钟宁宁,陈党义,等.煤矿区表层土壤中芳香烃组成、分布特征及标志化合物研究[J].环境科学学报,2007,27(3):445-451.

[150] 刘静静,王儒威,刘桂建,等.淮北芦岭矿区土壤中 PAHs 的分布特征及分析[J].中国科学技术大学学报,2010,40(7):661-666.

[151] 王新伟,钟宁宁,韩习运.煤矸石堆放对土壤环境 PAHs 污染的影响[J].环境科学学报,2013,33(11):3092-3100.

[152] 赵欧亚,冯圣东,石维,等.煤矿区农田土壤多环芳烃生态风险评估方法比较[J].安全与环境学报,2015,15(2):352-358.

[153] 杨柯,姜建军,刘飞,等.平朔露天煤矿复垦区土壤中多环芳烃分布特征、来源解析及风险分析[J].地学前缘,2016,23(5):281-290.

[154] WEI Y L,BAO L J,WU C C,et al.Association of soil polycyclic aromatic hydrocarbon levels and anthropogenic impacts in a rapidly urbanizing region:spatial distribution,soil-air exchange and ecological risk[J].The science of the total environment,2014,473/474:676-684.

[155] 贾海滨,张丽秀,李岩,等.煤矿区土壤 PAHs 含量特征及来源解析[J].河北农业大学学报,2017,40(2):24-31.

[156] 陈晶.淮南矿区环境中多环芳烃分布赋存规律及环境影响[D].北京:中国地质大学(北京),2005.

[157] HUANG H F,XING X L,ZHANG Z Z,et al.Polycyclic aromatic hydrocarbons (PAHs) in multimedia environment of Heshan coal district,Guangxi:distribution, source diagnosis and health risk assessment[J].Environmental geochemistry and health,2016,38(5):1169-1181.

[158] 杨策,钟宁宁,陈党义,等.煤矿区地表水悬浮颗粒物中 PAHs 的分布特征[J].中国环境科学,2007,27(4):488-492.

[159] 敖卫华.内蒙古乌达矿区煤矸石中有害物质环境地球化学效应研究[D].北京:中国地质大学(北京),2005.

[160] 郝春明,刘宏伟,黄玲,等.峰峰矿区不同类型水体多环芳烃分布特征及生态风险评价[J].中国矿业,2018,27(11):93-98.

[161] GOODARZI F,MUDHOP ADHYAY P K.Mental and polyromatic hydrocarbons in the drinking water of the Sydney Bain,Nova Scotia,Canada:a preliminary assessment of their source[J].International journal of coal geology,2000,43(1):357-372.

[162] 杨策,钟宁宁,陈党义,等.煤矿区水环境中多环芳烃污染物的组成与分布[J].安全与环境学报,2007,7(1):75-78.

[163] 陈琳.徐州地区煤及矿井水中多环芳烃的赋存特征[D].徐州:中国矿业大学,2016.

[164] 郝春明,黄越,黄玲,等.废弃煤矿矿井水中多环芳烃菲分布特征和来源解析[J].煤炭科学技术,2018,46(9):99-103.

第 2 章　我国煤中多环芳烃赋存特征

原煤是植物遗体在一定温度、压力等条件下经过一系列煤化作用形成的。煤的主要结构类型是芳香环,芳香族化合物的形成有两条途径:一是不同分子大小的单元通过脂肪烃相互连接,构成大分子芳香族化合物;二是直接形成低分子量的多环芳烃,在煤中以固态、液态的形式存在[1]。目前,关于原煤中多环芳烃分布的研究数据和资料还较少,研究主要针对部分区域少量的特定煤种,难以找到普适性规律,但原煤中的多环芳烃在煤炭开采、运输和使用过程中给环境带来的影响不容忽视,特别是低环(2~3 环)多环芳烃,很容易挥发并释放到环境中,对周边环境造成污染,且在环境中有较强的迁移能力。研究表明,煤中多环芳烃的含量受煤化程度影响显著,主要包括碳含量、挥发性物质、H/C 摩尔比、O/C 摩尔比等多种因素[2],但目前无法确定不同影响因素对多环芳烃含量的影响程度。此外,现阶段学者对多环芳烃的研究主要集中于化石燃料燃烧和热解过程中多环芳烃的释放,对多环芳烃在原煤中的产生、迁移以及游离多环芳烃的环境危害的研究仍然有限[3-4]。

2.1　样品采集与分析

2.1.1　样品采集

我国煤炭储量丰富,分布广泛,主要成煤时代为石炭纪、二叠纪、侏罗纪、白垩纪、古近纪和新近纪,目前重点建设神东、鲁西、内蒙古东部、云贵等 14 个亿吨级大型煤炭基地。各地区煤炭品种和质量变化较大,我国煤矿煤种区域划分明显,主要以褐煤和烟煤为主,占总含煤量的 80% 左右。其中,褐煤等低变质煤主要集中在我国北方地区;烟煤分布广泛,尤其在华东、华中地区储量丰富;无烟煤主要分布在我国西南地区及山西东南部地区[5]。

从我国不同煤矿区取煤样 29 个,如表 2-1 所列。样品均现场密封,于 4 ℃条件下运至实验室,采用四分法取样,一份送至江苏地质矿产设计研究院进行煤质分析,另一份冷冻干燥后研磨过 120 目筛,用于多环芳烃分析,每 10 个样品中增加一平行样。

表 2-1　煤炭采样明细

编号	煤矿	编号	煤矿	编号	煤矿
C1	准东大井矿区南露天煤矿	C7	常胜煤矿	C13	龙固煤矿
C2	大南湖煤矿	C8	丁家渠煤矿	C14	东滩煤矿
C3	扎赉诺尔煤矿	C9	哈拉沟煤矿	C15	刘河煤矿
C4	白音华煤矿	C10	海鸿煤矿	C16	旗山煤矿
C5	石圪台煤矿	C11	上湾煤矿	C17	旗山煤矿#
C6	纳林庙煤矿	C12	张沟煤矿	C18	权台煤矿

表 2-1(续)

编号	煤矿	编号	煤矿	编号	煤矿
C19	丁集煤矿	C23	可郎煤矿	C27	猫儿沟煤矿
C20	张双楼煤矿	C24	工庆煤矿	C28	昌盛煤矿
C21	孔庄煤矿	C25	工庆煤矿 #	C29	许家院煤矿
C22	张集煤矿	C26	兴营煤矿		

注:# 表示同一煤矿的不同煤层。

2.1.2 原煤工业分析及元素分析

所采煤样的工业分析均委托江苏地质矿产设计研究院依据《煤的工业分析方法》(GB/T 212—2008)等相关标准进行分析测试,测试指标包括工业分析(水分、灰分、挥发分)、元素分析(C、H、O)、全硫及形态硫、透光率、高位发热量,并根据《中国煤炭分类》(GB/T 5751—2009)中的规定(表 2-2)进行煤质划分。

表 2-2　无烟煤、烟煤及褐煤分类表

类别	代号	分类指标		
		挥发分/%	透光率/%	高位发热量/(MJ·kg^{-1})
无烟煤	WY	≤10.0	—	—
烟煤	YM	>10.0~37.0	—	—
		>37.0	>50	—
		>37.0	>30~50	>24
褐煤	HM	>37.0	>30~50	≤24
		>37.0	≤30	—

2.1.3 多环芳烃的检测及质量控制

本书采用微波辅助溶剂萃取法(MASE)对煤中多环芳烃进行提取[6]。样品冷冻干燥后破碎过 120 目筛,取 5.0 g 样品置于聚四氟乙烯萃取罐中,同时加入定量的氘代多环芳烃(Nap-d8、Chr-d12 和 Phe-d10)作为回收率指示物。加入 30 mL 丙酮-正己烷等比溶液(1∶1),浸泡 10 min 至充分混匀,密闭后置于微波萃取仪中,升温至 110 ℃并保持 10 min。将萃取液冷却至室温,转移至 100 mL 平底烧瓶中,取 5 mL 丙酮-正己烷等比溶液洗涤 3 次,将洗涤液一并转入平底烧瓶中,加适量活性铜置于黑暗环境中 8 h 以上以脱硫,旋转蒸发浓缩至约 3 mL,转移至试管中,经氮吹浓缩至约 1 mL 后加入 10 mL 交换溶剂(正己烷),将混合液浓缩至约 2 mL,将溶液通过氧化铝/硅胶(1∶2,$V∶V$)层析柱进行分离纯化,然后用 70 mL 正己烷-二氯甲烷(7∶3,$V∶V$)溶液,以 1 mL/min 的流速洗脱层析柱中的多环芳烃。将洗脱液经氮吹浓缩至 1 mL,然后利用 Thermo Trace Ultra 气相色谱仪-Thermo DSQ Ⅱ 质谱仪 (GC-MS) 联用进行多环芳烃分析。分离用色谱柱为 DB5 毛细管柱,尺寸为 60 m×0.25 mm×0.25 μm。载气为高纯氦气,流速为 1.0 mL/min,无分流进样模式,进样体积为 1 μL。毛细管柱的初始温度设定为 50 ℃,持续 2 min。柱温升温程序为:初始温度 60 ℃,以 5 ℃/min 的速度上升至 200 ℃,之后以 2 ℃/min 的速度上升至 250 ℃,然后以

20 ℃/min 的速度上升至 290 ℃,保持 20 min。质谱通过选择离子监测模式记录,在 70 eV 电子冲击模式下操作。采用外部标准峰面积法和六点校准曲线法进行定量检测分析。

样品分析按 US EPA 推荐的质量保证和质量控制程序进行。方法分析过程中设置方法空白、加标空白和平行样品进行质量控制。结果表明,方法空白样品中没有检测到多环芳烃。NIST 标准样品中 16 种多环芳烃的回收率为 76%～105%。用 Nap-d8、Chr-d12 和 Phe-d10 标准溶液测定的多环芳烃加标回收率分别为 81.5%±8.3%、88.5%±9.6% 和 91.7%±9.0%。用于多环芳烃分析的仪器的检测限为 0.04～0.51 ng/g。

2.2 原煤煤质分析与元素分析

根据《中国煤炭分类》中规定的煤炭分类指标(参见表 2-2),将采集的煤炭样品分为褐煤、烟煤和无烟煤 3 类,结果见表 2-3,实验采集煤炭样品含褐煤 4 个、烟煤 21 个、无烟煤 4 个。

表 2-3 煤炭样品分类

序号	挥发分 V_{daf}/%	透光率 P_m/%	高位发热量/(MJ·g^{-1})	煤炭类型
C1	29.68	78	27.39	烟煤
C2	40.69	28	26.47	褐煤
C3	43.18	35	22.65	褐煤
C4	45.04	39	23.00	褐煤
C5	33.85	82	30.09	烟煤
C6	35.72	67	28.12	烟煤
C7	36.46	68	29.58	烟煤
C8	35.32	66	31.02	烟煤
C9	34.36	68	30.69	烟煤
C10	32.55	69	31.26	烟煤
C11	32.95	68	18.88	烟煤
C12	8.12	—	30.37	无烟煤
C13	35.84	100	28.25	烟煤
C14	38.00	96	30.21	烟煤
C15	12.40	100	30.94	烟煤
C16	40.12	78	22.50	烟煤
C17	35.79	82	22.21	烟煤
C18	40.32	87	25.95	烟煤
C19	40.64	83	19.78	烟煤
C20	36.01	82	26.65	烟煤
C21	36.36	81	27.00	烟煤

表 2-3（续）

序号	挥发分 V_{daf}/%	透光率 P_m/%	高位发热量/(MJ·g^{-1})	煤炭类型
C22	39.18	73	22.84	烟煤
C23	56.34	45	23.66	褐煤
C24	22.64	—	32.58	烟煤
C25	20.48	—	28.85	烟煤
C26	19.96	—	31.11	烟煤
C27	9.66	—	24.81	无烟煤
C28	5.67	—	34.80	无烟煤
C29	7.00	—	33.09	无烟煤

原煤工业分析和元素分析结果见表 2-4。

表 2-4 原煤工业分析和元素分析

煤质类型	序号	工业分析/%			元素分析/%						
		M_{ad}	A_d	V_{daf}	氧	碳	氢	全硫	黄铁矿硫	硫酸盐硫	有机硫
褐煤	C2	16.58	9.09	40.69	20.28	75.00	3.61	0.26	0.05	0.06	0.16
	C3	17.44	19.21	43.18	22.73	72.68	3.30	0.24	0.05	0.01	0.18
	C4	9.90	12.32	45.04	20.61	71.90	4.89	0.90	0.11	0.02	0.77
	C23	9.97	15.46	56.34	20.31	68.89	5.16	4.05	0.94	0.11	3.00
	最大值	17.44	19.21	56.34	22.73	75.00	5.16	4.05	0.94	0.11	3.00
	最小值	9.90	9.09	40.69	20.28	68.89	3.30	0.24	0.05	0.01	0.16
	平均值	13.47	14.02	46.31	20.98	72.12	4.24	1.36	0.29	0.05	1.03
烟煤	C1	13.32	9.48	29.68	15.17	80.31	3.42	0.39	0.31	0.02	0.06
	C5	10.62	5.42	33.85	14.23	80.41	4.19	0.26	0.17	0.02	0.07
	C6	8.40	11.67	35.72	14.92	79.67	4.07	0.31	0.12	0.00	0.19
	C7	3.56	8.09	36.46	14.51	79.35	4.87	0.21	0.11	0.01	0.09
	C8	2.86	5.04	35.32	13.45	80.65	4.49	0.35	0.21	0.00	0.14
	C9	5.78	4.49	34.36	13.63	80.41	4.47	0.62	0.49	0.02	0.11
	C10	4.55	4.32	32.55	12.66	81.56	4.62	0.16	0.07	0.01	0.08
	C11	1.42	36.99	32.95	14.78	78.61	4.99	0.53	0.44	0.02	0.07
	C13	1.06	17.10	35.84	7.78	84.39	5.32	0.73	0.20	0.04	0.49
	C14	2.36	9.48	38.00	10.66	82.15	5.17	0.41	0.10	0.00	0.31
	C15	0.85	12.24	12.40	3.87	90.47	3.85	0.52	0.14	0.01	0.37
	C16	2.14	30.17	40.12	12.76	79.51	5.36	0.41	0.10	0.02	0.29

表 2-4(续)

煤质类型	序号	工业分析/%			元素分析/%						
		M_{ad}	A_d	V_{daf}	氧	碳	氢	全硫	黄铁矿硫	硫酸盐硫	有机硫
烟煤	C17	1.98	31.64	35.79	11.98	80.79	5.31	0.35	0.09	0.00	0.26
	C18	2.96	16.18	40.32	12.91	78.49	5.14	1.50	0.08	1.07	0.35
	C19	1.23	38.03	40.64	13.90	78.71	5.52	0.28	0.12	0.01	0.15
	C20	2.21	19.65	36.01	10.07	82.59	4.99	0.75	0.46	0.02	0.27
	C21	2.58	20.39	36.36	8.26	83.42	5.11	1.42	0.89	0.01	0.52
	C22	1.70	30.07	39.18	12.66	80.36	5.02	0.44	0.16	0.00	0.28
	C24	0.69	10.85	22.64	3.40	89.90	4.77	0.25	—	—	—
	C25	0.75	19.81	20.48	3.22	89.55	4.59	0.93	—	—	—
	C26	0.62	14.04	19.96	4.19	89.25	4.46	0.46	—	—	—
	最大值	13.32	38.03	40.64	15.17	90.47	5.52	1.50	0.89	1.07	0.52
	最小值	0.62	4.32	12.40	3.22	78.49	3.42	0.16	0.07	0.00	0.06
	平均值	3.41	16.91	32.79	10.91	82.41	4.75	0.54	0.24	0.07	0.23
无烟煤	C12	0.73	12.33	8.12	3.86	91.21	3.38	0.26	0.02	0.00	0.24
	C27	1.20	29.24	9.66	2.94	88.39	3.75	4.00	3.65	0.18	0.17
	C28	0.61	4.71	5.67	1.27	94.09	3.04	0.83	—	—	—
	C29	0.47	9.47	7.00	1.15	93.02	3.30	1.68	1.40	0.03	0.25
	最大值	1.20	29.24	9.66	3.86	94.09	3.75	4.00	3.65	0.18	0.25
	最小值	0.47	4.71	5.67	1.15	88.39	3.04	0.26	0.02	0.00	0.17
	平均值	0.75	13.94	7.61	2.31	91.68	3.37	1.69	1.69	0.07	0.22

2.2.1 碳

碳是煤中主要的有机元素,也是煤中最基本的成分。碳元素含量在煤中占比最高,且随着煤化程度的不断提高,碳元素含量也逐渐升高。据统计,某些煤化程度高的无烟煤,碳元素含量可高达 97%。一般情况下,煤中碳含量和发热量之间存在着一定的关系:当碳含量小于或等于 90% 时,随着碳含量的增加,煤低位发热量(煤炭燃烧所能利用的热量)逐渐增大。在调查的 29 个煤炭样品中,随着煤化程度的增加,褐煤、烟煤、无烟煤中的碳含量逐渐增大,平均值分别为 72.12%、82.41% 和 91.68%。

2.2.2 其他元素分析

煤中其他主要元素包括氢和氧。氢是煤中单位发热量最高的元素,一般含量为 1%~6%,煤化程度越低,氢元素的含量越高。此外,含氢高的煤挥发分一般也较高。本书所选 29 个煤炭样品中氢元素含量为 3.04%~5.52%,平均值为 4.49%。

氧元素是组成煤中有机质的重要元素,在煤中含量变化范围较大,监测结果显示,本书所选 29 个煤炭样品中氧元素含量为 1.15%~22.73%,平均值为 11.11%,随着煤化程度的增加,煤中氧元素含量逐渐降低。此外,由于煤燃烧过程中氧元素会与氢结合形成水,以蒸汽的形式逸出并带走部分热量,因此,煤的发热量随氧元素的增高而降低。

2.2.3 挥发分

挥发分指干基煤样在隔绝空气条件下加热至 850 ℃,使煤中有机物分解而析出的气体产物,由碳氢化合物、氢、一氧化碳、硫化氢等可燃气体组成。挥发分含量大小和煤炭性质有关,一般来说,挥发分含量随煤化程度的提高而减少。本书所选煤炭样品的挥发分含量为 5.67%～56.34%,褐煤、烟煤和无烟煤中挥发分含量均值分别为 46.31%、32.79%和 7.61%。

2.2.4 全硫和形态硫

硫是煤中常见的有害元素之一,在煤炭燃烧、热解等过程中生成二氧化硫,与烟气中水蒸气结合形成硫酸或亚硫酸腐蚀设备,排入大气中会对大气造成污染。从调查结果可以看出,煤中全硫含量为 0.16%～4.05%,均值为 0.81%。煤中硫含量与煤化程度没有明显关系。一般将煤中硫元素分为有机硫、硫酸盐硫和黄铁矿硫,3 种硫元素的均值分别为 0.35%、0.07%和 0.42%,其中黄铁矿硫在无机硫中占主要位置。

2.3 煤中多环芳烃的主要分布特征

本书采集我国重点煤炭基地 29 个煤炭样品,经准备、提取、浓缩、过柱纯化后,测试分析煤中 16 种 US EPA 规定优先控制多环芳烃类污染物(16-PAHs)的含量与化学组成,包括萘(Nap)、苊(Acy)、二氢苊(Ace)、芴(Flu)、菲(Phe)、蒽(Ant)、荧蒽(Fla)、芘(Pyr)、苯并(a)蒽(BaA)、䓛(Chr)、苯并(b)荧蒽(BbF)、苯并(k)荧蒽(BkF)、苯并(a)芘(BaP)、茚并(1,2,3-c,d)芘(InP)、二苯并(a,h)蒽(DaA)和苯并(g,h,i)苝(BghiP),检测结果见表 2-5。由表可见,煤中 16-PAHs 含量为 0.388～28.665 $\mu g/g$,多环芳烃含量最低的为可郎煤矿的褐煤(编号 C23),含量最高的为权台煤矿的烟煤(编号 C18),平均值为(10.540±7.973)$\mu g/g$。这一结果与 US EPA 公布的自然成煤过程中形成的多环芳烃的含量分布相一致[7]。

不同煤化作用阶段多环芳烃的含量分布如图 2-1 所示,由图可知煤中多环芳烃的含量和煤炭的变质程度有着一定的相关性,褐煤、烟煤和无烟煤中 16 种多环芳烃的含量分别为(1.236±0.567)$\mu g/g$、(13.642±7.087)$\mu g/g$ 和(3.567±3.249)$\mu g/g$(表 2-6),其中,烟煤中多环芳烃的含量最高,而无烟煤、褐煤中多环芳烃含量较低。这一结果的形成主要与成煤过程中复杂的变质作用以及实验室检测多环芳烃的种类有关。由于褐煤的煤化程度低,煤中有机物以碳链烃为主,环状烃类含量较少,因此,多环芳烃含量较低。随着煤化作用的不断增强,原煤中的一些脂肪烃通过脱氢反应和环化反应转化为芳香族化合物,使烟煤中检测到的多环芳烃含量逐渐增加。而随着煤化程度的进一步加深,低分子量化合物中的氧和挥发分不断减少,烃类物质不断环化形成大分子网状结构,而本书仅检测了 2～6 环多环芳烃的含量,对更高分子量的多环芳烃未进行分析,从而导致无烟煤中检测到的多环芳烃含量减少。

表 2-5　各煤样中多环芳烃含量

单位：$\mu g \cdot g^{-1}$

编号	Nap	Acy	Ace	Flu	Phe	Ant	Fla	Pyr	BaA	Chr	BbF	BkF	BaP	InP	DaA	BghiP
C1	0.067	0.025	0.022	0.077	0.100	0.082	0.759	0.491	0.886	0.595	0.048	6.598	0.063	2.822	0.326	1.228
C2	0.046	0.024	0.009	0.031	0.116	0.018	0.077	0.068	0.110	0.031	0.121	0.195	0.161	0.412	0.127	0.007
C3	0.095	0.027	0.017	0.036	0.103	0.044	0.211	0.142	0.169	0.098	0.193	0.072	0.117	0.098	0.014	0.015
C4	0.148	0.018	0.070	0.057	0.087	0.049	0.125	0.124	0.410	0.340	0.029	0.094	0.000	0.000	0.000	0.000
C5	0.617	0.022	0.060	0.118	0.734	0.000	0.268	0.405	0.293	0.347	0.000	0.260	0.023	0.050	0.084	0.121
C6	0.374	0.023	0.084	0.199	0.855	0.110	0.225	0.425	0.385	0.669	0.453	0.084	0.334	0.188	0.133	0.634
C7	0.105	0.029	0.086	0.263	0.994	0.637	1.678	0.126	1.492	0.760	1.527	0.307	0.382	0.440	0.126	0.279
C8	0.056	0.029	0.054	0.174	0.398	0.410	0.665	0.792	0.914	0.590	1.373	0.340	0.544	0.469	0.126	0.273
C9	0.079	0.035	0.077	0.185	0.325	0.539	2.622	1.441	1.264	0.631	1.431	0.334	0.433	0.315	0.093	0.167
C10	0.280	0.000	0.125	0.526	3.040	1.380	2.310	2.627	2.659	1.645	2.719	0.560	0.684	0.579	0.185	0.365
C11	0.203	0.023	0.047	0.385	1.607	0.727	1.642	1.599	2.252	1.372	4.026	0.699	1.179	1.053	0.282	0.692
C12	0.294	0.000	0.036	0.137	0.627	0.018	0.030	0.042	0.023	0.066	0.029	0.020	0.015	0.017	0.015	0.035
C13	1.151	0.121	0.517	1.891	2.147	0.154	0.138	0.197	0.147	0.449	0.000	0.040	0.000	0.000	0.000	0.000
C14	2.584	0.300	1.298	4.319	2.205	1.027	0.966	1.039	0.708	1.337	0.011	1.457	0.000	0.000	2.877	0.016
C15	0.819	0.016	0.122	0.361	1.637	0.036	0.106	0.104	0.049	0.948	0.395	0.028	0.052	0.066	0.283	0.262
C16	3.186	0.708	2.326	4.342	0.608	0.485	0.607	0.020	0.000	1.403	0.000	0.531	1.230	0.000	0.778	0.000
C17	2.295	0.025	0.259	0.872	4.600	0.703	0.763	1.633	1.272	0.444	0.090	0.799	0.067	0.074	0.276	0.863
C18	3.514	0.234	1.436	4.501	6.229	1.010	1.208	ND	3.661	0.368	ND	5.720	ND	0.034	0.750	ND
C19	3.675	ND	0.578	3.535	4.136	0.499	0.976	2.048	1.537	1.292	0.086	0.866	0.769	0.089	0.203	0.037
C20	1.908	0.027	0.415	1.119	6.244	1.244	1.429	1.982	1.581	1.348	1.223	0.499	1.829	2.299	0.867	3.942
C21	1.317	ND	0.215	0.867	5.899	0.135	0.632	0.904	0.874	0.888	1.427	0.217	0.724	0.649	0.396	1.447
C22	0.043	0.026	0.072	0.141	1.561	0.683	2.097	1.531	1.830	0.945	0.165	0.648	0.535	0.531	0.149	0.319
C23	0.049	0.000	0.018	0.038	0.061	0.019	0.039	0.043	0.021	0.021	0.012	0.010	0.010	0.000	0.028	0.019

表 2-5(续)

编号	Nap	Acy	Ace	Flu	Phe	Ant	Fla	Pyr	BaA	Chr	BbF	BkF	BaP	InP	DaA	BghiP
C24	1.870	0.000	0.978	2.224	2.515	0.213	0.157	0.161	0.047	0.782	0.162	0.023	0.055	0.046	0.171	0.368
C25	0.286	0.013	0.762	1.943	2.694	0.231	0.222	0.182	0.061	1.095	0.180	0.023	0.056	0.034	0.162	0.254
C26	4.962	0.000	0.455	0.919	1.302	1.101	0.532	0.524	0.159	2.570	0.420	0.029	0.095	0.056	0.278	0.000
C27	0.970	0.013	0.202	0.483	0.417	0.041	0.287	0.234	0.069	1.117	1.691	0.038	0.086	0.085	1.357	1.307
C28	0.286	0.012	0.040	0.131	0.615	0.018	0.056	0.082	0.022	0.214	0.284	0.021	0.019	0.036	0.056	0.119
C29	0.175	0.012	0.079	0.209	0.696	0.026	0.056	0.076	0.025	0.382	0.360	0.022	0.024	0.046	0.087	0.177

注:ND 表示未检出。

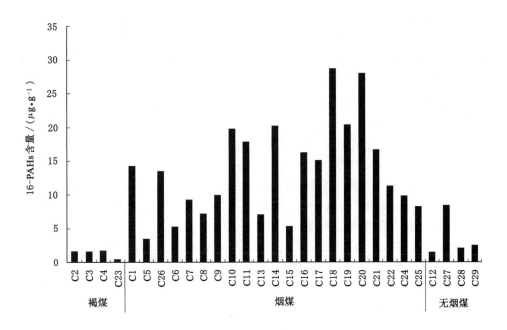

图 2-1　不同种类煤中多环芳烃含量分布

表 2-6　煤中多环芳烃含量统计结果　　　　　　　　　　　单位:$\mu g \cdot g^{-1}$

PAHs	褐煤($n=4$)				烟煤($n=21$)				无烟煤($n=4$)			
	最小值	最大值	平均值	标准差	最小值	最大值	平均值	标准差	最小值	最大值	平均值	标准差
Nap	0.046	0.148	0.085	0.048	0.043	4.962	1.400	1.467	0.175	0.970	0.431	0.363
Acy	ND	0.027	0.017	0.012	ND	0.708	0.087	0.171	ND	0.013	0.009	0.006
Ace	0.009	0.070	0.029	0.028	0.022	2.326	0.476	0.596	0.036	0.202	0.089	0.078
Flu	0.031	0.057	0.041	0.011	0.077	4.501	1.379	1.533	0.131	0.483	0.240	0.166
Phe	0.061	0.116	0.092	0.024	0.100	6.244	2.373	1.965	0.417	0.696	0.589	0.120
Ant	0.018	0.049	0.033	0.016	ND	1.380	0.543	0.421	0.018	0.041	0.026	0.011
Fla	0.039	0.211	0.113	0.074	0.106	2.622	0.952	0.753	0.030	0.287	0.107	0.120
Pyr	0.043	0.142	0.094	0.046	ND	2.627	0.912	0.780	0.042	0.234	0.109	0.085
BaA	0.021	0.410	0.178	0.167	ND	3.661	1.051	0.979	0.022	0.069	0.035	0.023
Chr	0.021	0.340	0.123	0.149	0.347	2.570	0.975	0.531	0.066	1.117	0.445	0.467
BbF	0.012	0.193	0.089	0.084	ND	4.026	0.787	1.068	0.029	1.691	0.591	0.747
BkF	0.010	0.195	0.093	0.077	0.023	6.598	0.955	1.772	0.020	0.038	0.025	0.008
BaP	ND	0.161	0.072	0.080	ND	1.829	0.453	0.502	0.015	0.086	0.036	0.033
InP	ND	0.412	0.128	0.195	ND	2.822	0.466	0.755	0.017	0.085	0.046	0.029
DaA	ND	0.127	0.042	0.058	ND	2.877	0.407	0.613	0.015	1.357	0.379	0.653
BghiP	ND	0.019	0.010	0.008	ND	3.942	0.563	0.892	0.035	1.307	0.409	0.601
$\sum$16-PAHs	0.388	1.553	1.236	0.567	3.402	28.665	13.642	7.087	1.403	8.397	3.567	3.249

注:ND 表示未检出。

　　受原煤煤化程度的影响,煤中多环芳烃的种类和数量呈现明显的规律性变化,总体来看,此次研究结果与其他学者的研究大致相同,如表 1-2 所列,我国部分矿区不同煤质类型的煤中 16 种多环芳烃以 3~5 环为主,含量受煤化程度影响明显,烟煤中含量最高。为评价多环芳烃及其同系物在我国不同类型煤中的整体情况,此次研究将 16-PAHs 按其分子量大小分为低分子量多环芳烃(LMW-PAHs:Nap、Acy、Ace、Flu、Phe 和 Ant)、中分子量多环芳烃(MMW-PAHs:Fla、Pyr、BaA 和 Chr)和高分子量多环芳烃(HMW-PAHs:BbF、BkF、BaP、InP、DaA 和 BghiP)[8]。根据表 2-5,分别计算煤样中不同分子量多环芳烃的含量,可知 LMW-PAHs 的平均浓度占比最高,约占总多环芳烃含量的 44%,其次是 MMW-PAHs(29%)和 HMW-PAHs(27%)。图 2-2 显示了原煤中不同环数多环芳烃的赋存特征,结果表明,褐煤、烟煤和无烟煤中 LMW-PAHs 的含量分别为 29%、45% 和 52%。相比之下,随着煤化程度的增加,MMW-PAHs 的比例从 39% 下降到 18%。对比其他国家原煤中多环芳烃的赋存情况(表 2-7),发现印度和美国的煤炭也呈现类似规律,但比例不同,这可能是由不同煤炭地质成因造成的[9]。

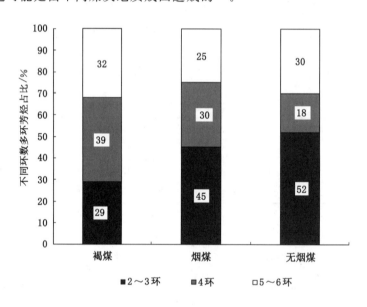

图 2-2　原煤中不同环数多环芳烃的赋存特征

表 2-7　其他国家原煤中多环芳烃的赋存特征

国家	煤矿区	样品数/个	$\sum$ 16-PAHs /($\mu g \cdot g^{-1}$)	LMW-PAHs/%	MMW-PAHs/%	HMW-PAHs/%	数据来源
印度	烟煤	1	4.542	7.3	28.3	64.4	Verma 等[2]
美国	烟煤	3	17.773	29.8	34.8	35.4	Wang 等[10]
	无烟煤	3	3.257	58.8	25.8	15.4	
美国	褐煤	7	1.049	17.8	59.0	23.2	Stout 等[7]
	烟煤	6	5.660	74.6	19.4	6.0	
	无烟煤	2	1.064	63.4	19.7	16.9	

我国煤炭区域划分明显,总体来看,我国煤炭以褐煤和烟煤为主,占总含煤量的 80% 左右,其中褐煤主要集中在我国北方地区,烟煤主要集中在我国东部矿区,无烟煤主要集中在我国中部的山西基地和南部的云贵基地。本书根据不同的成煤时代,将取样煤矿划分为 3 个区域,如图 2-3 所示,煤中多环芳烃的分布也呈现规律性的变化,我国东部矿区原煤中 16-PAHs 的含量显著高于其他矿区。权台煤矿原煤(C18)中多环芳烃含量最高(28.66 μg/g),其次是张双楼煤矿(C20)。我国东部矿区多环芳烃的富集可能与地质环境和煤的演化过程有关。数据分析结果表明,东部矿区煤炭资源以烟煤为主,16-PAHs 含量较高。相比之下,我国北部和西南部矿区的主要煤种是褐煤和无烟煤,原煤中 16-PAHs 含量较低。

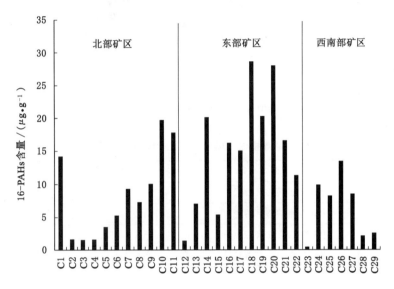

图 2-3　我国煤中多环芳烃的区域分布特征

2.4　煤中多环芳烃赋存的影响因素

多环芳烃是一类环状碳氢化合物的总称,其含量除了与自然环境有一定的关系外,还受煤自身的理化性质的影响,特别是表征煤化程度的一些因素,包括碳含量、H/C 摩尔比、O/C 摩尔比和挥发分含量等[10-11]。

2.4.1　碳含量

原煤中碳含量与煤的煤化作用程度相关,煤化作用程度越大,煤中碳含量越高。图 2-4 所示为煤中 16 种多环芳烃总量和碳含量之间的关系图。从图中可以看出,原煤中多环芳烃含量随碳含量增大大致呈先增加后减小的变化趋势,高多环芳烃含量样品主要集中在碳含量为 78%～90% 范围内。这是因为在植物沉积成煤过程中,微生物的长期作用促进了各种官能团的缩聚反应,使多环芳烃含量上升,之后随着煤化作用的持续进行,煤中大分子多环芳烃与三维聚合结构中的芳香结构连接,形成大分子网状结构,因此,变质程度较高时,煤中 16 种多环芳烃(2～6 环)含量降低。

根据原煤中碳含量和多环芳烃含量的差异,将样品分为 4 类,如表 2-8 所列。

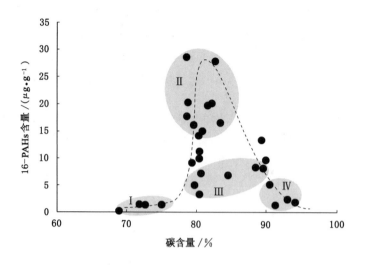

图 2-4　煤中碳含量与 16 种多环芳烃含量关系图

表 2-8　原煤按碳含量-多环芳烃含量差异分类结果

序号	类型	典型样品	主要煤质类型
Ⅰ	低碳含量-低多环芳烃	C2、C3、C4、C23	褐煤
Ⅱ	中碳含量-高多环芳烃	C10、C14、C18~C20	烟煤
Ⅲ	中碳含量-低多环芳烃	C5、C6、C8、C13	烟煤
Ⅳ	高碳含量-低多环芳烃	C12、C15、C28、C29	无烟煤

（1）低碳含量-低多环芳烃:样品煤化作用程度低,以褐煤为主,褐煤中化合物以链状结构为主,芳香化程度较低[12],因此,检测出的多环芳烃含量也较低。

（2）中碳含量-高多环芳烃:样品以烟煤为主,随着煤化作用的进行,褐煤中化合物分子间不断发生缩聚反应,煤中碳含量占比不断增加,随着缩聚反应的进行,煤中长链结构不断发生环化,因此检测出的多环芳烃含量较高。

（3）中碳含量-低多环芳烃:样品以烟煤为主,此次调查样品点为 C5(石圪台煤矿)、C6(纳林庙煤矿)、C8(丁家渠煤矿)、C13(龙固煤矿),对比Ⅱ类样品可以看出,Ⅲ类样品挥发分均值为 35%,相对Ⅱ类样品均值(38%)偏低,此外,Ⅲ类样品 H 含量(4.5%)相对Ⅱ类样品(5.1%)偏低,说明煤中芳烃环化程度较高,可抽提多环芳烃相对较少。

（4）高碳含量-低多环芳烃:样品以无烟煤为主,煤化作用使煤中多环芳烃不断环化成大分子网状结构,煤中易抽提的低环多环芳烃减少。因此,随着碳含量的继续增加,煤中多环芳烃含量减少。

2.4.2　挥发分含量

挥发分是一定温度下煤中可挥发的有机物和易热分解逸出的矿物质的总称,是表征煤化程度的重要指标之一,煤中挥发分含量越大,煤化程度越低。从图 2-5 所示煤中挥发分含量和多环芳烃含量的关系可以看出,随着挥发分含量的增加,煤中多环芳烃含量呈现先增大后减小的趋势,多环芳烃含量较高的煤,挥发分布在 30%~40%。

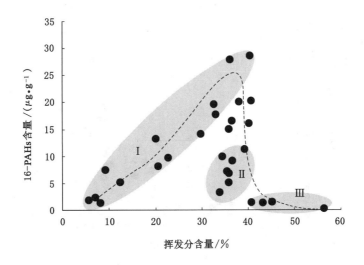

图 2-5　煤中挥发分含量与 16 种多环芳烃含量关系图

根据挥发分含量和多环芳烃含量的关系将样品分为 3 类,如表 2-9 所列。

(1) 近线性变化区:以无烟煤和部分烟煤为主,随着煤中挥发分的增加,煤化程度逐渐降低,煤中可抽提多环芳烃含量增加,大致呈线性规律变化。

(2) 中挥发分-低多环芳烃:以烟煤为主,采集样品中以 C5~C9 和 C13 为代表,主要集中在山西、河北等煤矿区。与挥发分含量同样在 30%~40% 之间的其他样品相比,Ⅱ类样品的多环芳烃含量较低。从表 2-4 所列原煤元素分析结果可以看出,Ⅱ类样品的 H 元素含量较低,推测Ⅱ类样品中烃类化合物的环化程度更高,导致测得的样品中 16 种多环芳烃含量较低。

(3) 高挥发分-低多环芳烃:以褐煤为主,由于褐煤煤化程度较低,煤中以长链烃类为主,环化程度低,易受热分解物质含量高,因此褐煤挥发分含量高但多环芳烃含量较低。

表 2-9　原煤按挥发分-多环芳烃含量差异分类结果

序号	类型	典型样品	主要煤质类型
Ⅰ	近线性变化区	C12、C18、C24~C29 等	无烟煤、烟煤
Ⅱ	中挥发分-低多环芳烃	C5~C9、C13	烟煤
Ⅲ	高挥发分-低多环芳烃	C2~C4、C23	褐煤

2.4.3　H/C 摩尔比

H/C 摩尔比是表征煤的结构特性和煤化程度的重要参数之一。H/C 摩尔比越低,表明煤结构中有越多的环化结构,即芳香族化合物占比越多,煤化作用程度越高;H/C 摩尔比高表示煤中脂肪烃化合物较多。分析煤中多环芳烃含量和 H/C 摩尔比之间的关系(图 2-6)可以看出,多环芳烃的含量与 H/C 摩尔比在一定区间内呈一种线性关系。环化程度较高的无烟煤 H/C 摩尔比最低,但煤中易抽提的低环多环芳烃含量也较低,因此无烟煤中检测到的 16 种多环芳烃含量较低,之后随着 H/C 摩尔比的增加煤中多环芳烃含量亦逐渐上升。随着 H/C 摩尔比的增大,煤中芳香环逐渐减少,脂肪族化合物占主要成分,因此样品 C4 和 C23(图 2-6 中Ⅰ区域)中多环芳烃含量减少,以褐煤为主。

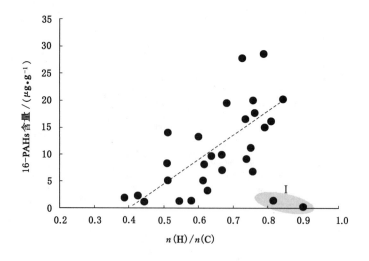

图 2-6　煤中 H/C 摩尔比与 16 种多环芳烃含量关系图

2.4.4　O/C 摩尔比

O/C 摩尔比是表征煤的结构特性和煤化程度的另一个重要参数。煤的基本结构单元是缩合的芳香环,外围连接有烷基侧链和各种官能团,氧元素主要赋存在各种官能团中,如羧基、羟基等。在煤炭热解过程中,各官能团由于受热稳定性差,裂解形成低分子化合物挥发出去,形成挥发分的主要来源。O/C 摩尔比越高,表示煤中含氧官能团含量越高,煤化程度越低。从图 2-7 所示煤中 O/C 摩尔比和多环芳烃含量关系可以看出,煤中多环芳烃含量随 O/C 摩尔比的增加呈现先增大后减小的变化趋势,在 O/C 摩尔比为0.10 左右时,煤中 16 种多环芳烃含量最大。

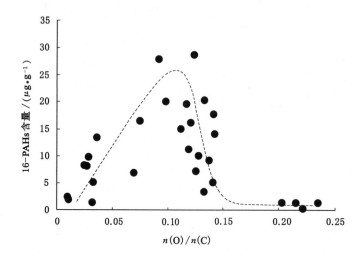

图 2-7　煤中 O/C 摩尔比与 16 种多环芳烃含量关系图

2.5 不同影响因素对煤中多环芳烃赋存的贡献度分析

上述分析表明,原煤中碳含量、挥发分含量、H/C 摩尔比和 O/C 摩尔比与 16 种多环芳烃的含量有关,且具有平稳性。本书基于 Papyrakis 等人的收敛性分析思路,通过在 Eviews 6.0[13] 中进行收敛性分析,分析了这 4 种因素对多环芳烃含量的相对贡献。设因素 i 的贡献度为 P_i,则:

$$P_i = \frac{A_i \times B_i}{\sum (A_i \times B_i)} \times 100\% \qquad (i = 1, 2, 3, \cdots, n) \qquad (2-1)$$

式中,A 为不同影响因素下的多元线性回归标准系数;B 为不同因素和多环芳烃含量之间的线性回归标准系数。定义不同因素的影响力 $C = A \cdot B$,则相对贡献度等于单个影响因素的影响力与总影响力的比值。

利用统计软件对 4 种影响因素和多环芳烃含量进行多元线性回归,结果如表 2-10 所列。

表 2-10 不同影响因素的多元线性回归模型

模型参数	非标准化系数		标准系数 A
	B'	标准误差	
常量	105.838	199.791	—
碳含量	−1.138	2.036	−0.903
挥发分含量	0.313	0.427	0.498
H/C 摩尔比	12.263	30.896	0.204
O/C 摩尔比	−184.872	175.673	−1.052

不同影响因素与多环芳烃含量之间的一元线性回归结果如表 2-11 所列。

表 2-11 不同影响因素与多环芳烃含量之间的一元线性回归结果

影响因素	模型参数	非标准化系数		标准系数 B
		B'	标准误差	
碳含量	常量	15.904	19.988	—
	X_2	−0.065	0.242	−0.052
挥发分含量	常量	6.057	3.956	—
	X_1	0.144	0.118	0.229
H/C 摩尔比	常量	−7.739	6.914	—
	X_3	27.641	10.257	0.460
O/C 摩尔比	常量	11.514	2.940	—
	X_4	−9.199	23.882	−0.074

将表 2-10 及表 2-11 的计算结果代入式(2-1),得到不同影响因素对多环芳烃含量分布的贡献度,如表 2-12 所列。

表 2-12　不同影响因素对多环芳烃含量分布的贡献度分析

影响因素	A	B	$C=A \cdot B$	贡献度/%
碳含量	-0.903	-0.052	0.047	14.11
挥发分含量	0.498	0.229	0.114	34.24
H/C 摩尔比	0.204	0.460	0.094	28.23
O/C 摩尔比	-1.052	-0.074	0.078	23.42

计算结果表明,挥发分含量和 H/C 摩尔比与原煤中多环芳烃含量呈正相关,且影响显著。其中,挥发分含量的相对贡献度最大,占 34.24%,其次是 H/C 摩尔比,占 28.23%。总的来说,挥发分含量和 H/C 摩尔比对多环芳烃的变化起主导作用,总比例超过 60%。这与之前的研究结果一致,Wang 等人分析了碳含量、H/C 摩尔比和 O/C 摩尔比对中美两国部分煤矿煤中 16 种多环芳烃含量的影响,并利用高斯拟合模型模拟了其中的相关关系,结果表明,H/C 摩尔比对煤中多环芳烃含量的影响明显大于碳含量和 O/C 摩尔比[10]。这一结果可能是由于煤变质演化过程中有机化合物的化学结构发生了变化。煤的演化是一个连续的脂肪烃缩合过程,在此过程中,氧元素不断分离出来,挥发性物质持续减少,H/C 摩尔比不断增加。因此,H/C 摩尔比和挥发分含量可以直接反映原煤中多环芳烃的变化。

2.6　本章小结

本章采集了我国不同煤矿区不同煤化程度的 29 个煤样,分析煤中多环芳烃的分布及其影响因素。结果表明,16 种优先控制多环芳烃的浓度平均值为(10.540±7.973) μg/g,其中 LMW-PAHs 的浓度最高,约占多环芳烃平均含量的 44%。总的来说,烟煤中可提取多环芳烃的浓度最高,其多环芳烃的浓度和种类都较多。此外,碳含量、挥发分含量、H/C 摩尔比和 O/C 摩尔比对原煤中多环芳烃含量影响显著。挥发分含量和 H/C 摩尔比在多环芳烃变化过程中起主导作用,占总贡献的 60% 以上,其次是 O/C 摩尔比和碳含量。

参考文献

[1] ZHAO Z B,LIU K L,XIE W,et al.Soluble polycyclic aromatic hydrocarbons in raw coals[J].Hazardous materials,2000,73(1):77-85.

[2] VERMA S K,MASTO R E,GAUTAM S,et al.Investigations on PAHs and trace elements in coal and its combustion residues from a power plant[J].Fuel,2015,162:138-147.

[3] WANG Y,XU Y,CHEN Y J,et al.Influence of different types of coals and stoves on the emissions of parent and oxygenated PAHs from residential coal combustion in

China[J].Environmental pollution,2016,212:1-8.

[4] QIN L,HAN J,HE X,et al.The emission characteristic of PAHs during coal combus-
tion in a fluidized bed combustor[J].Energy sources,part A:recovery,utilization,and
environmental effects,2014,36(2):212-221.

[5] 岳保然,李玉池,张学英.我国煤炭地理条件的差异性研究[J].煤炭技术,2014,33(1):
11-13.

[6] YUAN Z J,LIU G J,DA C N,et al.Occurrence,sources,and potential toxicity of poly-
cyclic aromatic hydrocarbons in surface soils from the Yellow River Delta Natural
Reserve,China[J].Archives of environmental contamination and toxicology,2015,68
(2):330-341.

[7] STOUT S A,EMSBO-MATTINGLY S D.Concentration and character of PAHs and
other hydrocarbons in coals of varying rank:implications for environmental studies of
soils and sediments containing particulate coal[J].Organic geochemistry,2008,39(7):
801-819.

[8] XUE J,LIU G,NIU Z,et al.Factors that influence the extraction of polycyclic aromatic
hydrocarbons from coal[J].Energy & fuels,2007,21(2):881-890.

[9] RADKE M, WILLSCH H, TEICHMÜLLER M. Generation and distribution of
aromatic hydrocarbons in coals of low rank[J].Organic geochemistry,1990,15(6):
539-563.

[10] WANG R W,LIU G J,ZHANG J M,et al.Abundances of polycyclic aromatic hydrocarbons
(PAHs) in 14 Chinese and American coals and their relation to coal rank and weathering
[J].Energy & fuels,2010,24(11):6061-6066.

[11] 刘淑琴,王媛媛,张尚军,等.四种低阶煤中多环芳烃的分布特征[J].煤炭科学技术,
2010,38(11):120-124.

[12] 闫洁,赵云鹏,肖剑,等.胜利褐煤和小龙潭褐煤在甲醇中的热溶及热溶物分析[J].燃料
化学学报,2016,44(1):15-22.

[13] PAPYRAKIS E,GERLAGH R.The resource curse hypothesis and its transmission
channels[J].Comparative economics,2004,32(1):181-193.

第3章 矿井水中多环芳烃的组成及生态风险

矿井水中多环芳烃等有机污染物主要来源于生产过程中排放的物质、井下设备用油的泄漏以及煤层中多环芳烃的释放,此外,部分矿区地表水和大气降水也会携带一定量的多环芳烃经断层、裂隙等进入矿井水[1]。我国矿井水年排放量已超过 80 亿 t,其中仅有 25% 左右得到了处理利用。大量的矿井水直接排放到环境中,矿井水中的有机污染物尤其是多环芳烃对生态环境构成了严重威胁。此外,矿井关闭后,地下水进入巷道,多环芳烃随着矿井水的运动不断迁移,污染地下水和地表水系统,最终给矿区环境带来巨大的生态风险。

3.1 矿井水中多环芳烃的组成

3.1.1 样品采集及测试方法

3.1.1.1 样品采集

本书从徐州、淮南、兖州和淄博等典型煤矿区共采集了 14 个矿区水体样品(表 3-1),对其中 16 种多环芳烃含量进行分析。水样采用 1 L 具塞磨口棕色玻璃细口瓶作为采样瓶,同时采集平行样和现场空白样。水样采集后于 4 ℃环境冷藏,在 14 d 内完成分析。

表 3-1　典型煤矿区矿井水采样点及水样描述

水样编号	矿区	采集地点	水样描述
W1	徐州矿区	旗山矿	矿井水
W2	徐州矿区	孔庄矿	矿井水
W3	徐州矿区	张小楼矿	矿井水
W4	徐州矿区	新河矿	矿井水
W5	徐州矿区	张双楼矿	矿井水
W6	徐州矿区	张双楼矿	塌陷湿地
W7	徐州矿区	张双楼矿	矸石山渗出水
W8	淮南矿区	谢桥矿	矿井水
W9	淮南矿区	张集矿	矿井水
W10	淮南矿区	丁集矿	矿井水
W11	兖州矿区	济三矿	矿井水

表 3-1(续)

水样编号	矿区	采集地点	水样描述
W12	兖州矿区	东滩矿	矿井水
W13	淄博矿区	大吊桥矿	矿井水
W14	淄博矿区	洪山矿	矿井水

3.1.1.2　多环芳烃的检测及质量控制

采用固相萃取(SPE)方法对水中多环芳烃进行提取,取 C18 柱,先后用 10 mL 二氯甲烷、10 mL 甲醇和 10 mL 去离子水进行预清洗,以减少有机和无机污染物的干扰,然后以 10 mL/min 的流速提取水样中的多环芳烃。水样提取完成后,用 10 mL 去离子水洗涤 C18 柱,去除共吸附物质,继续负压抽提 10 min,使柱子干燥,然后用 10 mL 二氯甲烷以 1 mL/min 的流速洗脱 C18 柱中的多环芳烃,氮吹将洗脱液浓缩至 1 mL,加入少量正己烷将浓缩液定容到 2 mL 的细胞瓶中待测。

多环芳烃的检测及质量控制见本书 2.1.3 节相关内容。

3.1.2　多环芳烃含量

各典型煤矿区水体中 16 种 PAHs(含 7 种易致癌 PAHs)的浓度见表 3-2。由表可知,矿区水体中 16 种 PAHs 的浓度范围为 0.69～4.61 $\mu g/L$,平均值和中值分别为 1.80 $\mu g/L$ 和 1.24 $\mu g/L$。在 14 个矿区水体样品中,除 W6 和 W7 采自徐州煤矿区地表水外,其他样品均采自井下矿井水。井下矿井水中 16 种 PAHs 的平均浓度为 1.98 $\mu g/L$,矿区地表塌陷积水 W6 和矸石山渗出水 W7 的 16 种 PAHs 的浓度分别为 0.69 $\mu g/L$ 和 0.70 $\mu g/L$,与矿井水中 PAHs 含量相比偏低,可能有以下几个原因:① 徐州矿区水体中 PAHs 背景值偏低;② 井下矿井水受煤、煤矸石、污泥中 PAHs 释放的影响;③ 煤矿井下环境黑暗、封闭,PAHs 及其他有机物质不易被光降解,且井下温度不易造成 PAHs 热解。

从不同矿区矿井水中 16 种 PAHs 浓度的检测结果可以看出,最高检测浓度来自位于淮南矿区谢桥矿的采样点 W8,最低浓度来自位于徐州矿区孔庄矿的采样点 W2。徐州矿区、淮南矿区、兖州矿区和淄博矿区矿井水中 16 种 PAHs 的平均浓度分别为 0.87 $\mu g/L$、3.96 $\mu g/L$、1.76 $\mu g/L$ 和 2.01 $\mu g/L$,淮南矿区矿井水中 16 种 PAHs 的含量最高,含量最低的为徐州矿区。与李一矿(0.10 $\mu g/L$)和九龙岗矿(0.002 5 $\mu g/L$)的矿井水中 PAHs 含量相比[2],本书检测的矿井水中 PAHs 含量均较高。在 12 个矿井水样品中,有 8 个样品检测到了致癌性 PAHs 的存在,致癌性 PAHs 的浓度范围为 0.00～2.92 $\mu g/L$,平均值和中值分别为 1.00 $\mu g/L$ 和 0.90 $\mu g/L$。徐州矿区、淮南矿区、兖州矿区和淄博矿区矿井水中 7 种致癌性 PAHs 的平均浓度分别为 0.03 $\mu g/L$、2.52 $\mu g/L$、0.97 $\mu g/L$ 和 1.16 $\mu g/L$,淮南矿区和淄博矿区矿井水中 7 种致癌性 PAHs 含量较高。

3.1.3　环数分布特征

按照 PAHs 构成环数的不同,16 种 PAHs 可分为 2 环、3 环、4 环、5 环和 6 环 PAHs。矿井水中不同环数 PAHs 的含量分布百分比如附图 1 所示,12 个样品的 2 环、3 环、4 环、5 环和 6 环 PAHs 所占比例平均为 10.87%、42.37%、14.69%、18.55% 和 13.52%,可知矿井水中的 PAHs 以 3 环为主,中低环(2～4 环)PAHs 含量所占比例共计可达 67.93%。这是由 PAHs 的 K_{ow} 决定的,如果 $\log K_{ow} < 1$,即认为 PAHs 为亲水性物质;若 $\log K_{ow} > 1$,则为憎水或疏水性

废弃矿井多环芳烃赋存特征及生物降解机理

表 3-2　典型矿区矿井水中 PAHs 含量

单位：$\mu g \cdot L^{-1}$

编号	NCs	MPCs	W1	W2	W3	W4	W5	W6	W7	W8	W9	W10	W11	W12	W13	W14
Nap	12.00	1 200.00	0.20	0.21	0.07	0.21	0.20	0.00	0.20	0.22	0.15	0.15	0.05	0.05	0.07	0.04
Acy	0.70	70.00	0.24	0.24	0.00	0.24	0.24	0.24	0.24	0.24	0.24	0.24	0.05	0.05	0.08	0.05
Ace	0.70	70.00	0.16	0.00	0.00	0.16	0.16	0.16	0.00	0.16	0.00	0.16	0.06	0.06	0.09	0.05
Flu	0.70	70.00	0.27	0.27	0.00	0.27	0.27	0.29	0.26	0.27	0.27	0.27	0.07	0.07	0.10	0.06
Phe	3.00	300.00	0.00	0.00	0.24	0.00	0.00	0.00	0.00	0.33	0.33	0.34	0.14	0.10	0.12	0.08
Ant	0.70	70.00	0.00	0.00	0.25	0.00	0.00	0.00	0.00	0.00	0.00	0.00	0.09	0.08	0.10	0.06
Fla	3.00	300.00	0.00	0.00	0.00	0.00	0.00	0.00	0.00	0.00	0.00	0.00	0.09	0.09	0.12	0.07
Pyr	0.70	70.00	0.00	0.00	0.06	0.00	0.00	0.00	0.00	0.00	0.00	0.00	0.09	0.09	0.13	0.08
BghiP	0.30	30.00	0.00	0.00	0.23	0.00	0.00	0.00	0.00	0.47	0.46	0.00	0.17	0.18	0.26	0.15
BaA*	0.10	10.00	0.00	0.00	0.00	0.00	0.00	0.00	0.00	0.00	0.62	0.62	0.09	0.10	0.14	0.08
Chr*	3.40	340.00	0.00	0.00	0.09	0.00	0.00	0.00	0.00	0.47	0.47	0.46	0.16	0.16	0.23	0.14
BbF*	0.10	10.00	0.00	0.00	0.00	0.00	0.00	0.00	0.00	0.48	0.49	0.48	0.10	0.10	0.14	0.08
BkF*	0.40	40.00	0.00	0.00	0.05	0.00	0.00	0.00	0.00	0.36	0.00	0.35	0.11	0.12	0.18	0.10
BaP*	0.50	50.00	0.00	0.00	0.00	0.00	0.00	0.00	0.00	0.55	0.55	0.00	0.11	0.12	0.17	0.10
DaA*	0.50	50.00	0.00	0.00	0.00	0.00	0.00	0.00	0.00	0.44	0.00	0.00	0.17	0.18	0.27	0.16
InP*	0.40	40.00	0.00	0.00	0.00	0.00	0.00	0.00	0.00	0.62	0.61	0.00	0.20	0.22	0.33	0.19
∑PAHs			0.87	0.72	0.99	0.88	0.87	0.69	0.70	4.61	4.19	3.07	1.75	1.77	2.53	1.49

注：* 表示 US EPA 列出的致癌性 PAHs。NCs 为经毒性当量系数改进后的最低风险浓度值（negligible concentrations），MPCs 为最高风险浓度值（maximum permissible concentrations）。

物质, log K_{ow} 值越大, PAHs 的亲脂性越强, 在水中的溶解度越低。从表 1-1 可以看出, 高环 PAHs 的 log K_{ow} 值远高于低环 PAHs, 表明相对于矿井水而言高环 PAHs 更容易在沉积物中累积。因此, 矿井水中 2～4 环 PAHs 的含量高于 5～6 环 PAHs。

各矿区矿井水中不同环数 PAHs 分布如附图 2 所示。徐州矿区矿井水中的 PAHs 主要以 2～3 环为主, 2 环和 3 环共计占 16 种 PAHs 总量的 91.31%; 淮南矿区矿井水中的 PAHs 主要以 3～5 环为主, 合计占 16 种 PAHs 总量的 79.19%; 兖州矿区和淄博矿区矿井水中的 3 环、4 环、5 环和 6 环 PAHs 含量比例基本相同, 2 环 PAHs 含量较低。各矿区矿井水中的 PAHs 存在差异, 这可能与矿井水中 PAHs 的来源、环境条件及煤矿生产状况有关。

3.1.4　致癌/非致癌组分分布特征

12 个矿井水水样中 16 种 PAHs (含致癌性 7 种 PAHs) 的含量百分比如附图 3 所示。从数量上来看, 66.67% 的样品中检出了致癌性 PAHs, 其中有 7 个样品 (W8、W9、W10、W11、W12、W13 和 W14) 的致癌性 PAHs 的含量超过 50%。致癌性 PAHs 含量最高的为淮南矿区的 W9 (65.39%)。从成分来看, 矿井水中致癌性 PAHs 的主要致癌成分为 InP (6.47%, 平均含量百分比, 下同)、Chr (6.09%) 和 BbF (5.76%)。矿井水中的主要非致癌成分为 Flu (13.94%)、Acy (12.23%) 和 NaP (10.87%)。

各矿区矿井水水样中 16 种 PAHs 中致癌/非致癌组分分布如图 3-1 所示。徐州、淮南、兖州和淄博矿区的致癌性 PAHs 的含量百分比分别为 3.23%、63.77%、55.11% 和 57.46%。徐州矿区矿井水中的 PAHs 主要以非致癌 PAHs 为主, 淮南矿区矿井水中致癌性 PAHs 的含量百分比最高。徐州矿区矿井水中的主要非致癌组分为 Flu (24.94%, 含量百分比, 下同)、Acy (22.17%) 和 Nap (20.55%); 淮南矿区矿井水中的主要非致癌组分为 Phe (8.42%)、BghiP (7.83%)、Flu (6.82%) 和 Acy (6.07%), 主要致癌组分为 BbF (12.22%)、Chr (11.79%) 和 BaA (10.45%); 兖州矿区矿井水中的主要非致癌组分为 BghiP (9.94%) 和 Phe (6.82%), 主要致癌组分为 InP (11.93%)、DaA (9.94%) 和 Chr (9.09%); 淄博矿区矿井水中的主要非致癌组分为 BghiP (10.20%), 主要致癌组分为 InP (12.94%)、DaA (10.70%) 和 Chr (9.20%)。

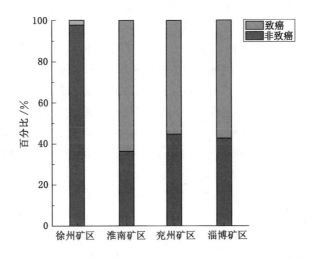

图 3-1　各矿区矿井水水样中 16 种 PAHs 中致癌/非致癌组分分布图

3.2 井下污泥中多环芳烃的分布特征

3.2.1 样品采集及测试方法

3.2.1.1 样品采集

本书从徐州矿区采集了 11 个污泥样品(表 3-3),对其多环芳烃含量进行分析。每个样品点采集 4 份同类型样本,均匀混合后作为该点的代表性样品,密封袋包装,于 4 ℃温度条件下运回实验室,经冷冻干燥后,研磨过 120 目筛,装入密封袋置于干燥器中待实验分析用。

表 3-3　徐州矿区污泥样品采样点及样品描述

编号	采样地点	具体位置	样品描述
S1	权台矿	煤巷	混合泥
S2	权台矿	煤巷	混合泥
S3	权台矿	煤巷	混合泥
S4	权台矿	煤巷	油泥
S5	权台矿	岩巷	混合泥
S6	权台矿	岩巷	水仓边混合泥
S7	权台矿	岩巷	回风井口混合泥
S8	权台矿	岩巷	混合泥
S9	旗山矿	采空区	老空水底泥
S10	旗山矿	井下水仓	混合泥
S11	新河矿	矿井地表排水口	矿井地表排水沉积物

3.2.1.2 多环芳烃检测及质量控制

采用微波辅助溶剂萃取的方法对固体样品进行处理。样品萃取前,先加入已知含量的氘代多环芳烃作为回收率指示物,之后进行萃取、纯化等一系列实验过程,通过指示物的回收率确定实验结果的准确度。实验过程如下:准确称取 5 g 固体样品,放入聚四氟乙烯萃取罐中。随后加入 30 mL 丙酮-正己烷溶液(1∶1),浸泡 10 min 至充分混匀,密闭后置于微波萃取仪中,升温至 110 ℃,保持 10 min。待萃取液冷却至室温后,将萃取液完全转移至 100 mL 平底烧瓶中,用 5 mL 丙酮-正己烷溶液洗涤萃取罐 3 次,将洗涤液一并转移到平底烧瓶中。加入适量活性铜片置于黑暗环境中 8 h 以上以除硫,得到固体样品萃取液,将萃取液经旋转蒸发浓缩至约 3 mL,并转移到试管中,以氮气吹脱浓缩至 1 mL。再加入 10 mL 正己烷,以氮气吹脱浓缩至 1 mL。

多环芳烃的检测及质量控制见本书 2.1.3 节相关内容。

3.2.2 多环芳烃含量

徐州矿区井下污泥中的 16 种 PAHs(含 7 种易致癌 PAHs)的浓度如表 3-4 所列。16 种 PAHs 浓度范围为 0.64~24.02 $\mu g/g$,平均值和中值分别为 10.63 $\mu g/g$ 和 9.60 $\mu g/g$,最高检测浓度来自权台矿的采样点 S1,最低检测浓度来自权台矿的采样点 S7。在 11 个沉积物泥样中均可检测到易致癌 PAHs,7 种易致癌 PAHs 的浓度范围为 0.18~14.69 $\mu g/g$,平均值和中值分别为 5.10 $\mu g/g$ 和 4.37 $\mu g/g$。井下淤泥中的 PAHs 可能来自煤层中 PAHs 的释放,以及采煤过程中乳化油等的泄漏、排放,或者来自矿井水中 PAHs 在固体物质表面的吸附和富集等。

表 3-4　徐州矿区井下污泥中 PAHs 含量　　　　　　　　单位:$\mu g \cdot g^{-1}$

PAHs	S1	S2	S3	S4	S5	S6	S7	S8	S9	S10	S11
Nap	0.40	0.52	1.03	0.37	2.06	0.86	0.00	0.00	1.10	1.50	0.00
Acy	0.00	0.00	0.24	0.11	0.00	0.00	0.00	0.00	0.40	0.30	0.00
Ace	0.74	0.21	0.33	0.10	1.42	0.64	0.00	0.00	0.00	0.00	0.00
Flu	2.61	0.64	0.88	0.27	3.43	1.68	0.02	0.00	0.00	0.00	0.00
Phe	2.85	1.17	2.88	0.58	3.02	2.13	0.09	0.00	2.10	1.50	0.20
Ant	0.79	0.20	0.66	0.03	0.85	0.52	0.01	0.00	0.30	0.20	0.00
Fla	0.68	0.21	1.35	0.04	0.54	0.49	0.01	0.00	1.20	0.60	0.60
Pyr	1.26	0.37	1.24	0.00	1.12	0.75	0.03	0.00	2.10	1.00	0.20
BghiP	0.00	0.98	0.00	0.03	0.00	0.00	0.15	0.00	2.20	1.60	0.00
BaA*	2.36	0.77	3.20	0.04	0.00	1.57	0.05	0.00	0.00	0.00	0.00
Chr*	3.01	0.97	3.11	0.05	2.47	1.69	0.07	0.00	1.60	0.90	0.20
BbF*	5.45	1.48	3.63	0.00	0.00	2.04	0.09	0.00	1.30	0.00	0.00
BkF*	1.46	0.24	1.06	0.00	2.98	0.39	0.03	0.00	0.00	0.00	0.00
BaP*	1.61	0.33	1.24	0.03	0.00	0.81	0.04	0.40	0.80	0.90	0.00
DaA*	0.80	0.17	0.52	0.00	0.60	0.36	0.02	0.30	0.20	0.00	0.00
InP*	0.00	0.41	1.43	0.06	0.00	0.59	0.03	0.00	0.90	0.30	0.00
∑PAHs	24.02	8.67	22.80	1.71	18.49	14.52	0.64	0.70	14.20	9.60	1.60

注:* 表示 US EPA 列出的致癌性 PAHs。

3.2.3　不同环数 PAHs 分布特征

　　按照 PAHs 构成环数的不同,16 种 PAHs 可分为 2 环、3 环、4 环、5 环和 6 环 PAHs。井下污泥样品中不同环数 PAHs 的含量百分比如附图 4 所示,11 个样品的 2 环、3 环、4 环、5 环和 6 环 PAHs 所占比例平均为 6.75%、26.68%、27.75%、28.47% 和 10.35%,可知污泥样品中的 PAHs 主要以 3 环、4 环和 5 环为主,共计占 16 种 PAHs 总量的 82.90%。从单一样品分析,2 环 PAHs 和 3 环 PAHs 百分比最高的均为取自权台煤巷的油泥样品 S4,这与其他 3 个取自煤巷的样品 S1、S2 和 S3 有显著差异,其原因可能是该煤巷的油泥受到了含低环 PAHs 油类的污染。污泥中不同环数量 PAHs 的分布与 PAHs 的来源有关。2~3 环 PAHs 可能来自煤尘及油类污染物,5~6 环 PAHs 可能来自矿井水中高环 PAHs 的吸附富集及煤中高环 PAHs 的迁移。

3.2.4　致癌/非致癌组分分布特征

　　井下污泥样品中 16 种 PAHs(含致癌性 7 种 PAHs)的含量百分比如附图 5 所示。在 11 个井下污泥样品中均检测到致癌性 PAHs 的存在,其平均浓度百分比为 46.27%,其中 S1、S2、S3、S6、S7 和 S8 中致癌性 PAHs 的含量占比均超过 50%。在权台矿巷道底部和墙壁上采集的样品 S8 中,检测出的 PAHs 全部为致癌性 PAHs。从成分来看,井下污泥中的主要致癌成分为 BbF(10.34%,平均含量百分比,下同)、Chr(9.94%)和 BaP(9.24%),非致癌成分主要为 Phe(14.53%)。

3.2.5 井下污泥的污染水平分析

本书采用 Baumard 等人[3]提出的沉积物中 PAHs 的分类标准,对井下污泥样品中 PAHs 的污染水平进行评价,将沉积物污染水平分为 4 个等级:低污染为 $0\sim0.1~\mu g/g$,中等污染为 $0.1\sim1.0~\mu g/g$,高污染为 $1.0\sim5.0~\mu g/g$,极高污染为大于 $5.0~\mu g/g$。对照此标准,在采集的 11 个污泥样品中,63.64% 样品(样品数量比例,下同)的 PAHs 含量为极高污染水平,18.18% 属于高污染水平,18.18% 属于中等污染水平(图 3-2)。由此可见,井下开采环境中含有高浓度的 PAHs。因此,在煤矿废弃后,井下矿区中高浓度的 PAHs 将成为主要的污染源。这些 PAHs 可溶解在矿井水中,通过地下裂缝、巷道、采空区等进入地下水系统,最终污染地下水。此外,随着矿井水的外流,PAHs 也会进入地表环境,污染地表水和土壤。

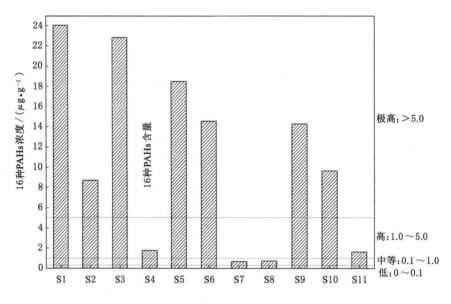

图 3-2 井下污泥样品中 PAHs 的污染水平

3.3 模拟闭矿条件下矿井水中多环芳烃的动态变化规律

3.3.1 矿井水及井下污泥中多环芳烃的来源分析

目前,关于多环芳烃的来源解析方法主要是同分异构体比值法和主成分分析法,本书主要采用特征比值法对矿井水中多环芳烃的来源进行分析,从而确定关闭煤矿矿井水中多环芳烃释放规律模拟实验的释放源。

同分异构体由于具有类似的理化性质,因此其比例关系在多环芳烃迁移过程中相对较为稳定[4]。16 种多环芳烃中的同分异构体包括 Ant&Phe、Fla&Pyr、BaA&Chr 和 InP&BghiP,其中,Ant 由于在环境中稳定性相对较差,容易造成误判而不常使用[5],所以,本书选用 Fla&Pyr、BaA&Chr 和 InP&BghiP 3 组同分异构体进行源分析。一般情况下,

Fla/(Pyr+Fla)<0.4 表示为石油源,>0.5 表示为煤、木材等的燃烧,介于两者之间表示为混合源;BaA/(BaA+Chr)<0.2 表示为石油源,>0.35 表示为煤、木材等的燃烧,介于两者之间表示为石油燃烧源;InP/(InP+BghiP)<0.2 表示为石油源,>0.5 表示为煤、木材等的燃烧,介于两者之间表示为石油燃烧源[6]。

　　由于徐州矿区矿井水中高环多环芳烃检出率较低,所以本书选择淮南、兖州和淄博矿区矿井水进行分析,结果发现矿井水中 Fla/(Pyr+Fla) 为 (0.46~0.66)>0.4,BaA/(BaA+Chr) 为 (0.29~0.57)>0.2,且 InP/(InP+BghiP) 为 (0.54~0.57)>0.5,均表明矿井水中多环芳烃可能和煤的环境行为有关。为验证这一假设,本书结合同分异构体比值法的原理,对煤中多环芳烃同分异构体比值进行了计算,结果如图 3-3 所示。从图中可以看出,煤中多环芳烃同分异构体的比值相对集中,且和矿井水中多环芳烃同分异构体的比值一致,因此判断矿井水中多环芳烃主要来源于井下煤的释放。

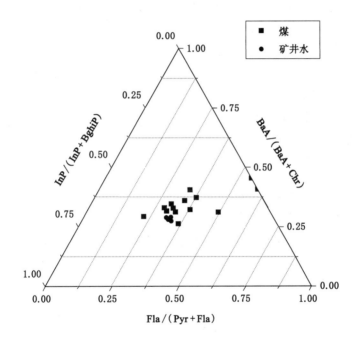

图 3-3　多环芳烃同分异构体比值三角图

　　从徐州矿区矿井水的检测结果来看,矿井水中多环芳烃主要为 Nap、Acy、Ace、Flu、Phe、Ant 等低环多环芳烃。有研究表明,原煤是矿井水中低环多环芳烃的典型来源[7-8]。郝春明等人结合同位素分析发现废弃煤矿矿井水中高浓度的菲主要来自井下残留的煤[9]。此外,一些研究者还利用特征比值分配法分析了矿井水中多环芳烃的组成,发现矿井水中多环芳烃的组成受原煤和煤矸石的特性直接影响[10]。

　　综合以上分析可知,矿井水中多环芳烃主要来源于煤的释放。

3.3.2　模拟实验设计

　　煤矿关闭后,矿井水停止抽排,地下水水位回升,原有巷道被淹没,由开放环境变为封闭/半封闭环境,巷道逐渐转为缺氧/厌氧状态。巷道中残留的污染物通过溶解和淋滤不断向水中释放迁移,之后随采动裂隙污染周边水环境[11],并伴有多环芳烃的降解转化。因此,本书基于矿井水中多环芳烃的主要来源,参考关闭煤矿巷道的实际情况,利用煤-矸石混合物和矿井水来模拟关闭煤矿系统中多环芳烃的释放和降解转化过程。

实验采集徐州矿区旗山矿煤、煤矸石、矿井水样品,实验室模拟关闭煤矿环境,研究煤矿关闭巷道淹水后矿井水中多环芳烃的变化特征。样品经自然风干,破碎成小于 2 cm 的颗粒,将煤、煤矸石等比混合,制作煤-矸石混合样品,混合物及矿井水中多环芳烃含量见表 3-5。实验组设置 8 组平行实验,取 1 kg 等比混匀后的煤-矸石样品,置于 2.5 L 棕色磨口玻璃瓶中,加入 2 L 矿井水,于氮气环境下加盖并蜡封,25 ℃±1 ℃条件下于恒温柜中避光静置,分别在实验开始后的第 0、30、60、90、120、150、240、360 天取上清液,通过 0.45 μm 滤膜过滤。滤液经预处理后分析 16 种 PAHs 含量。同时,以煤-矸石-去离子水体系设置对照实验。

表 3-5　煤-矸石混合物及水中多环芳烃含量

PAHs	Nap	Acy	Ace	Flu	Phe	Ant	Fla	Pyr
混合物/(μg · g^{-1})	2.30	0.02	0.26	0.87	4.60	0.70	0.76	1.63
矿井水/(μg · L^{-1})	0.20	0.24	0.16	0.27	ND	ND	ND	ND
PAHs	BaA	Chr	BbF	BkF	BaP	InP	DaA	BghiP
混合物/(μg · g^{-1})	1.27	0.44	0.09	0.80	0.07	0.07	0.28	0.86
矿井水/(μg · L^{-1})	ND	ND	ND	ND	ND	ND	ND	ND

注:ND 表示未检出。

样品预处理及多环芳烃测试分析方法见本书第 2 章相关内容。

3.3.3　封闭条件下矿井水中多环芳烃的变化特征

模拟实验结果如图 3-4 所示。煤矿关闭巷道淹水后,水环境中 16 种 PAHs 的变化过程可分为快速变化阶段和稳定阶段。实验初期为快速变化阶段。在此过程中,煤-矸石混合物

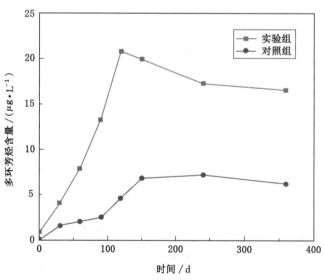

图 3-4　矿井水中多环芳烃含量变化规律

中易发生迁移转化的多环芳烃不断向水中迁移,水中多环芳烃含量迅速增加。此后,进入稳定阶段,煤-矸石体系中 16 种 PAHs 的释放量降低,与水中 16 种 PAHs 的降解转化量趋于平衡状态,16 种 PAHs 浓度变化稳定。

比较实验组和对照组的实验结果,发现实验组矿井水中 16 种 PAHs 含量显著高于对照组,其最大浓度为 20.83 $\mu g/L$,约为对照组的 4 倍,说明矿井水中的某些物质对多环芳烃的迁移起到一定的促进作用。调查研究发现,采煤机械化程度越高,采煤机组乳化油(含不饱和油脂、乳化剂、皂类等)、润滑油等的使用量就越大,由于机组的跑冒滴漏等原因迁移进入矿井水中[12]。多环芳烃是一种疏水性的有机污染物,本身难溶于水,但乳化油等表面活性剂的存在可以促进多环芳烃向水环境中的释放[13]。因此,矿井水中 16 种 PAHs 浓度较高。

为了分析不同种类 PAHs 在迁移转化过程中的变化,将 16 种 PAHs 按分子量大小分为低分子量多环芳烃(LMW-PAHs,2~3 环)、中分子量多环芳烃(MMW-PAHs,4 环)和高分子量多环芳烃(HMW-PAHs,5~6 环)[14]。按不同分子量多环芳烃占总量的比值作图,如图 3-5 所示,可以看出,在实验初期,模拟关闭煤矿体系中多环芳烃的释放主要以 LMW-PAHs 为主,这主要是因为 LMW-PAHs 的溶解度相对较高,且在沉积物中的吸附系数较低(表 1-1),所以相同环境条件下 LMW-PAHs 更易于从煤-矸石混合物中向水体迁移。之后,随着释放时间的推移,LMW-PAHs 由于降解、挥发等的影响,含量趋于稳定,而 MMW-PAHs 和 HMW-PAHs 不断释放,且由于其难降解性而在水体中不断积累,占比逐渐升高,到实验后期,实验组中 MMW-PAHs 和 HMW-PAHs 含量占比达 60%。该结果与图 3-2 所示不同矿区矿井水水样中不同环数多环芳烃赋存特征相同,其中徐州矿区矿井水水样采自关闭不久的旗山矿及部分生产矿井,因此矿井水中多环芳烃以 LMW-PAHs 为主,而闭矿时间较长的淄博矿区洪山煤矿矿井水中多环芳烃则以 HMW-PAHs 为主。

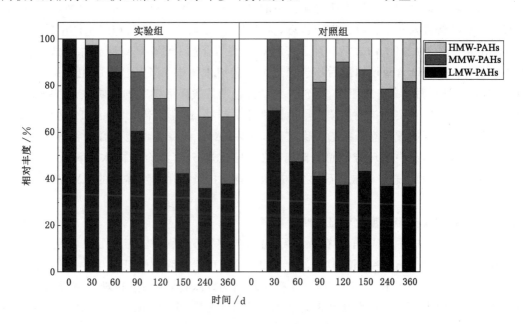

图 3-5　不同分子量多环芳烃占比

3.3.4 低分子量多环芳烃变化特征分析

　　研究发现,LMW-PAHs 具有溶解度高、易挥发的性质,所以在煤矿关闭初期,往往更容易向水体中迁移,从而造成矿区水环境多环芳烃的污染,因此,本小节重点研究 LMW-PAHs 的释放规律。此外,在 LMW-PAHs 中,萘具有较强的迁移能力,且在水中溶解度高,故选择萘作为 LMW-PAHs 的典型污染物进行了分析,结果如图 3-6 所示。

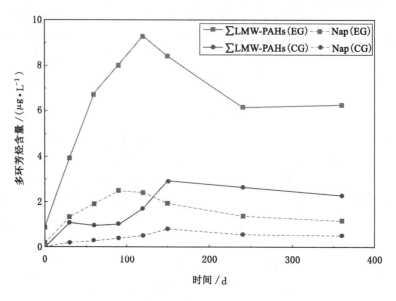

EG—实验组;CG—对照组。

图 3-6　矿井水中萘及低分子量多环芳烃的变化规律

　　实验开始初期,对照组煤-矸石混合物中的游离态 LMW-PAHs 迅速向水体中迁移,然后其释放和降解进入一个相对稳定的状态,从图 3-6 可以看出,初期对照组水体中的 LMW-PAHs 主要为萘,约占 30%,之后 3 环多环芳烃以及结合态 LMW-PAHs 开始释放和累积,水体中 LMW-PAHs 含量增加最后趋于稳定。实验组水体中 LMW-PAHs 主要由萘、苊和菲构成,总含量则明显高于对照组,受矿井水中乳化油等表面活性剂的影响,实验组煤-矸石中的 LMW-PAHs 在实验初期持续大量地向水体中迁移,最高达到 9.29 $\mu g/L$,之后水体中的 LMW-PAHs 开始缓慢降低并趋于稳定。LMW-PAHs 的降低可能是微生物等的长期作用导致模拟反应体系中多环芳烃总量降低,从而导致煤-矸石混合物向水中释放的 LMW-PAHs 减少,原有的动态平衡被打破,之后在微生物的持续作用下水体中的 LMW-PAHs 含量开始下降。

3.3.5 可致癌多环芳烃的变化特征

　　US EPA 列出的 7 种具有潜在人体致癌性的多环芳烃优先控制污染物包括 BaA、Chr、BbF、BkF、BaP、DaA 和 InP,其生物富集因子高、可生物降解性低且生物毒性高,在研究过程中往往更受到重视。其中,BaP 具有 5 环结构,在自然状态下较难降解并容易在环境中累积,是世界公认的强致癌性多环芳烃污染物,最早被 US EPA 列入优先控制有毒有机污染物名录。本书对 BaP 等可致癌多环芳烃的释放进行了相关分析,结果如图 3-7 所示。

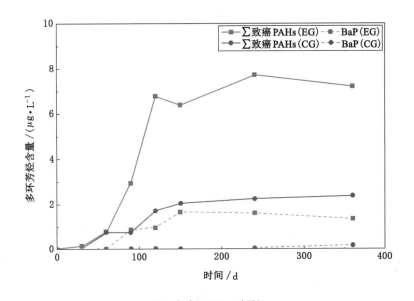

EG—实验组；CG—对照组。

图 3-7　矿井水中 BaP 及可致癌 PAHs 的变化规律

由于可致癌多环芳烃往往分子量较高，溶解度较低，因此在实验初期，煤-矸石中仅部分游离态可致癌多环芳烃发生了迁移。之后随着实验时间的增加，受微生物、乳化油等的影响，实验组模拟反应体系中的可致癌多环芳烃逐渐向水中迁移，由于可致癌多环芳烃的可降解性能差，能在水体中不断累积，所以矿井水中可致癌多环芳烃含量不断增加并在 120 d 左右达到峰值，约为 7.7 μg/L。之后受水体溶解度和煤-矸石中可释放多环芳烃的量限制，水体中可致癌多环芳烃含量趋于稳定。对照组可致癌多环芳烃始终处于缓慢变化过程，实验周期内最高浓度为 2.34 μg/L，不足实验组最高浓度的 1/2。对 BaP 的实验研究发现，矿井水的促进作用更为明显，在实验过程中，对照组水体中几乎未检测到 BaP 的存在，而在实验组中有 BaP 检出，并随着实验的进行含量不断增加，说明矿井水对 BaP 的迁移有促进作用。

模拟关闭煤矿巷道淹水后矿井水中 16 种 PAHs 的变化过程可以看出，煤矿关闭后，巷道淹水，井下残留煤、矸石等固体废弃物中的多环芳烃会不断地向地下水环境中释放迁移。由于碳对 HMW-PAHs 的吸附系数大于 LMW-PAHs，其迁出能力相对较弱，因此，实验初期释放的多环芳烃以 LMW-PAHs 为主。巷道中残留的乳化油等会促进有机污染物特别是 HMW-PAHs 的释放，因此 HMW-PAHs 的释放速率和释放量均有明显增加，说明在煤矿关闭、巷道淹水后，巷道中混合矿井水对煤等污染源中多环芳烃的迁移起促进作用，对矿区地下水环境构成威胁。

3.3.6　矿井水中多环芳烃变化规律模拟

实验室模拟封闭条件下矿井水中多环芳烃含量的变化规律，整个体系中多环芳烃的迁移转化过程如图 3-8 所示，水中多环芳烃主要来自煤-矸石混合物的释放，其去除途径包括生物降解、挥发及煤-矸石的吸附。

实验模拟为封闭条件下多环芳烃的变化过程，因此多环芳烃的挥发行为可以忽略不计，简化认为水中多环芳烃的变化量由混合物中多环芳烃的释放量和吸附量、水中多环芳烃的生物

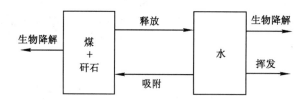

图 3-8 模拟关闭矿井环境中多环芳烃的迁移转化过程

降解量共同决定,设 t 时刻水中多环芳烃的累积变化量为 Q_t,则根据质量守恒定律可得:

$$Q_t = Q_{rt} - (Q_{dt} + Q_{at}) \tag{3-1}$$

式中,Q_{rt} 表示 t 时刻混合物中多环芳烃的累积释放量;Q_{dt} 表示 t 时刻水相中多环芳烃的累积生物降解量;Q_{at} 表示 t 时刻水相中多环芳烃被固相体系累积吸附量。

3.3.6.1 煤-矸石混合物中多环芳烃的释放

封闭条件下,煤-矸石中多环芳烃的释放是水中多环芳烃的主要来源,目前,关于沉积物中有机污染物释放的动力学模型应用较为广泛的是一级动力学模型,定义为:

$$dc/dt = -kc \tag{3-2}$$

式中,c 为固相中多环芳烃含量;t 为释放时间;k 表示释放速率常数。定义煤-矸石中可释放的多环芳烃总量,即初始浓度为 c_0,对公式(3-2)进行积分,获得固相中残留多环芳烃含量随时间的变化方程:

$$c_t = c_0 e^{-kt} \tag{3-3}$$

则释放出的多环芳烃含量为:

$$c_t = c_0 - c_0 e^{-kt} \tag{3-4}$$

模拟反应体系中沉积物质量恒定,因此混合物中多环芳烃的累积释放量为:

$$Q_{rt} = Q_{r0} \cdot (1 - e^{-kt}) \tag{3-5}$$

式中,Q_{r0} 表示煤-矸石中可释放的多环芳烃总量;k 表示多环芳烃的释放速率常数。

3.3.6.2 生物降解过程

在封闭条件下,水相中的多环芳烃在微生物的作用下被分解减少,在实验室封闭环境条件下,温度恒定,生物量基本处于一个稳定的水平,可认为是一级反应:

$$dc/dt = -k_d \tag{3-6}$$

式中,k_d 表示微生物降解反应速率;t 表示反应时间。两边积分并乘以溶液体积 V,获得水中多环芳烃的累积生物降解量为:

$$Q_{dt} = k_d \cdot t \cdot V \tag{3-7}$$

3.3.6.3 吸附过程

在温度恒定的封闭环境中,反应体系中的多环芳烃均来自煤-矸石的释放,且认为煤-矸石对水中多环芳烃的吸附未达到饱和状态,因此,将该过程认定为稳定过程,定义吸附导致水中多环芳烃浓度减小为一级反应:

$$dc/dt = -k_a \tag{3-8}$$

式中,k_a 表示吸附速率;t 表示反应时间。两边积分并乘以溶液体积 V,获得水中多环芳烃的累积吸附减少量为:

$$Q_{at} = k_a \cdot t \cdot V \tag{3-9}$$

将式(3-5)、式(3-7)和式(3-9)代入式(3-1),获得模拟关闭煤矿矿井水中多环芳烃含量变化方程,模拟反应体系中水的体积恒定,为了便于计算,将多环芳烃含量以浓度代替,则矿井水中多环芳烃的变化过程为:

$$c_t = c_0 \cdot (1 - e^{-kt}) - (k_d + k_a) \cdot t \qquad t \leqslant 360 \text{ d} \tag{3-10}$$

式中,c_0 表示煤-矸石中可释放的多环芳烃浓度,单位为 $\mu g/L$;k 表示多环芳烃的释放速率常数,单位为 d^{-1};k_d 和 k_a 分别表示生物降解及沉积物的吸附速率,单位为 $\mu g/(L \cdot d)$;t 表示释放、降解和吸附时间,单位为 d。

根据释放实验结果,对水中多环芳烃的含量变化进行非线性拟合,确定不同条件下水中多环芳烃含量变化方程的动力学参数,结果如表 3-6 所列。

表 3-6　多环芳烃释放的动力学模型拟合结果

分组	参数	估计值	R^2	RMS
实验组	$c_0/(\mu g \cdot L^{-1})$	71.505	0.901	6.797
	k/d^{-1}	0.005		
	$k_d + k_a/[\mu g \cdot (L \cdot d)^{-1}]$	0.118		
对照组	$c_0/(\mu g \cdot L^{-1})$	65.142	0.911	0.908
	k/d^{-1}	0.002		
	$k_d + k_a/[\mu g \cdot (L \cdot d)^{-1}]$	0.072		

表 3-6 所列为不同条件下水中多环芳烃含量变化的动力学拟合相关参数,包括参数估计值、相关系数(R^2)和残差均方(RMS)。结果表明,实验周期内,矿井水中多环芳烃含量的变化过程符合该动力学模型,实验组和对照组的测定系数分别为 0.901 和 0.911。如图 3-9 所示拟合结果与实测值对比,可以看出该模型能准确反映矿井水中多环芳烃的变化规律。对比实验组和对照组的模型参数可以看出:实验组多环芳烃释放速率常数为 0.005 d^{-1},明显高于对照组。此外,实验组和对照组的潜在可释放多环芳烃(c_0)分别为 71.505 $\mu g/L$ 和 65.142 $\mu g/L$,实

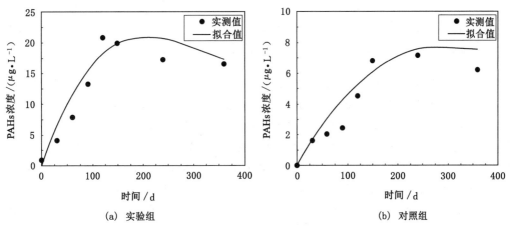

图 3-9　模拟结果与实测值对比

验组含量较高。这表明矿井水中存在的化学物质(如表面活性剂等)在一定程度上促进了多环芳烃的释放。因此,多环芳烃从煤-矸石混合物中释放到矿井水的持续时间相对较久,且多环芳烃的释放量也较多。

3.4 矿井水中多环芳烃的风险评估

3.4.1 矿井水中多环芳烃污染水平分析

关闭煤矿多环芳烃释放规律的研究结果表明,煤-矸石中的多环芳烃会向矿井水中持续释放,且巷道中残留乳化油等对其释放起促进作用。煤矿关闭后,淹水巷道中多环芳烃会随矿井水经采动裂隙等污染周边含水层,对地下水环境构成威胁。因此,本书参考《地下水质量标准》(GB/T 14848—2017)中规定的多环芳烃污染物的标准限值,将多环芳烃污染水平分为 5 类,根据监测结果(表 3-2)评价矿井水中多环芳烃的污染情况,结果如表 3-7 所列。

表 3-7 矿井水中多环芳烃污染评价结果

所属矿区	样品编号	评价结果					综合评价结果
		Nap	Ant	Fla	BbF	BaP	
徐州矿区	W1	I	I	I	I	I	I
	W2	I	I	I	I	I	I
	W3	I	I	I	I	IV	IV
	W4	I	I	I	I	I	I
	W5	I	I	I	I	I	I
淮南矿区	W8	I	I	I	III	V	V
	W9	I	I	I	III	V	V
	W10	I	I	I	III	I	III
兖州矿区	W11	I	I	I	I	IV	IV
	W12	I	I	I	I	IV	IV
淄博矿区	W13	I	I	I	II	IV	IV
	W14	I	I	I	I	IV	IV

矿井水中多环芳烃污染综合评价结果表明,调查的 12 个煤矿矿井水中,IV、V 类水体共 7 个,占调查点总数的 58%,特征污染物指标主要为 BaP。按不同矿区划分可以看出,徐州矿区生产矿井(W1、W2、W5)的矿井水水质较好,不存在多环芳烃污染;W4 虽为关闭矿井,但作为云龙湖补给水源,该矿井在关闭后仍保持抽水,因此水质受巷道污染物的影响较小;而关闭矿井(W3)的矿井水存在 BaP 污染。淮南矿区采样煤矿的矿井水为循环利用,由于长期受煤矿环境影响,大量高分子量多环芳烃在矿井水中累积,所以污染状况最为严重,超过 V 类水质标准。此外,该矿区矿井水中 BbF 的含量也相对较高。淄博等老矿区也存在一定程度的 BaP 污染。

3.4.2　矿井水中多环芳烃生态风险评估

采用 Kalf 等提出的风险商值法(risk quotient,RQ)对矿井水中多环芳烃的生态风险进行评估[15]。通过式(3-11)对 16 种多环芳烃的风险进行评价,式中 RQ 为风险商值,c_{PAHs} 为介质中某种多环芳烃的浓度,c_{QV} 为相应多环芳烃的风险标准值。用经毒性当量系数改进后的最低风险浓度值(negligible concentrations,NCs)和最高风险浓度值(maximum permissible concentrations,MPCs)(表 3-2)对其生态风险进行评估。最低风险浓度表示低于此浓度对生态系统的负面影响可以忽略,最高风险浓度表示高于此浓度会对生态系统产生较大的负面影响。单一多环芳烃的生态风险可通过式(3-12)和式(3-13)计算。式中,RQ_{NCs} 和 RQ_{MPCs} 分别为最低风险商值和最高风险商值,$c_{QV(NCs)}$ 和 $c_{QV(MPCs)}$ 分别为相应多环芳烃的最低风险标准值和最高风险标准值。综上,可以得到 16 种多环芳烃的综合风险值,如式(3-14)和式(3-15)所示。多环芳烃风险等级的划分标准如表 3-8 所列[16]。

$$RQ = c_{PAHs}/c_{QV} \tag{3-11}$$

$$RQ_{NCs} = c_{PAHs}/c_{QV(NCs)} \tag{3-12}$$

$$RQ_{MPCs} = c_{PAHs}/c_{QV(MPCs)} \tag{3-13}$$

$$RQ_{\sum PAHs(NCs)} = \sum_{i}^{16} RQ_{i(NCs)} \ (RQ_{i(NCs)} \geqslant 1) \tag{3-14}$$

$$RQ_{\sum PAHs(MPCs)} = \sum_{i}^{16} RQ_{i(MPCs)} \ (RQ_{i(MPCs)} \geqslant 1) \tag{3-15}$$

表 3-8　多环芳烃风险等级的划分标准

类别	风险水平	RQ_{NCs}	RQ_{MPCs}
单一 PAHs	低风险	<1	
	中等风险	$\geqslant 1$	<1
	高风险		$\geqslant 1$
$\sum$ PAHs	无风险	0	
	低风险	$\geqslant 1$ 且 <800	0
	中等风险 1	$\geqslant 800$	0
	中等风险 2	<800	$\geqslant 1$
	高风险	$\geqslant 800$	$\geqslant 1$

根据风险商值法,计算得到 4 个矿区 12 个矿井水中多环芳烃的生态风险评估结果,如表 3-9 所列。从总体评价结果来看,矿井水中的多环芳烃为中高风险,其中 91.7%(数量百分比,下同)的样品处于高风险,8.3%处于中等风险。从风险值上来看,淮南矿区的水样 W8、W9 和 W10 的风险性较高,其最高浓度风险值和最低浓度风险值分别为 12 020.38、16 247.64、13 093.27 和 120.03、162.35、130.81。其次为淄博矿区的矿井水样 W13,其最高浓度风险值和最低浓度风险值分别为 6 689.44 和 65.37。各矿区矿井水中多环芳烃的生态风险由高到低依次为淮南矿区>兖州矿区≈淄博矿区>徐州矿区。

矿井水中多环芳烃的高生态风险是各单一多环芳烃共同产生的结果,单一多环芳烃对矿井水多环芳烃总生态风险的贡献比例见表 3-10。对于徐州矿区高风险样品 W1、W4 和

表 3-9 矿井水中多环芳烃的生态风险评估结果

编号		Nap	Acy	Ace	Flu	Phe	Ant	Fla	Pyr	BghiP	BaA*	Chr*	BbF*	BkF*	BaP*	DaA*	InP*	合计	评价结果
W1	RQ_{NCs}	16.67	342.86	228.57	385.71	0.00	0.00	0.00	0.00	0.00	0.00	0.00	0.00	0.00	0.00	0.00	0.00	973.81	高风险
	RQ_{MPCs}	0.17	3.43	2.29	3.86	0.00	0.00	0.00	0.00	0.00	0.00	0.00	0.00	0.00	0.00	0.00	0.00	9.58	
W2	RQ_{NCs}	17.50	342.86	0.00	385.71	0.00	0.00	0.00	0.00	0.00	0.00	0.00	0.00	0.00	0.00	0.00	0.00	746.07	中等风险 2
	RQ_{MPCs}	0.18	3.43	0.00	3.86	0.00	0.00	0.00	0.00	0.00	0.00	0.00	0.00	0.00	0.00	0.00	0.00	7.29	
W3	RQ_{NCs}	5.83	0.00	0.00	0.00	80.00	357.14	0.00	85.71	766.67	0.00	0.00	900.00	0.00	100.00	0.00	0.00	2 295.36	高风险
	RQ_{MPCs}	0.06	0.00	0.00	0.00	0.80	3.57	0.00	0.86	7.67	0.00	0.00	9.00	0.00	1.00	0.00	0.00	21.24	
W4	RQ_{NCs}	17.50	342.86	228.57	385.71	0.00	0.00	0.00	0.00	0.00	0.00	0.00	0.00	0.00	0.00	0.00	0.00	974.64	高风险
	RQ_{MPCs}	0.18	3.43	2.29	3.86	0.00	0.00	0.00	0.00	0.00	0.00	0.00	0.00	0.00	0.00	0.00	0.00	9.58	
W5	RQ_{NCs}	16.67	342.86	228.57	385.71	0.00	0.00	0.00	0.00	0.00	0.00	0.00	0.00	0.00	0.00	0.00	0.00	973.81	高风险
	RQ_{MPCs}	0.17	3.43	2.29	3.86	0.00	0.00	0.00	0.00	0.00	0.00	0.00	0.00	0.00	0.00	0.00	0.00	9.58	
W8	RQ_{NCs}	18.33	342.86	228.57	385.71	110.00	0.00	0.00	0.00	1 566.67	0.00	138.24	4 800.00	900.00	1 100.0	880.00	1 550.0	12 020.38	高风险
	RQ_{MPCs}	0.18	3.43	2.29	3.86	1.10	0.00	0.00	0.00	15.67	0.00	1.38	48.00	9.00	11.00	8.80	15.50	120.03	
W9	RQ_{NCs}	12.50	342.86	0.00	385.71	110.00	0.00	0.00	0.00	1 533.33	6 200.0	138.24	4 900.0	0.00	1 100.0	0.00	1 525.0	16 247.64	高风险
	RQ_{MPCs}	0.13	3.43	0.00	3.86	1.10	0.00	0.00	0.00	15.33	62.00	1.38	49.00	0.00	11.00	0.00	15.25	162.35	
W10	RQ_{NCs}	12.50	342.86	228.57	385.71	113.33	0.00	0.00	0.00	0.00	6 200.0	135.29	4 800.0	875.00	0.00	0.00	0.00	13 093.27	高风险
	RQ_{MPCs}	0.13	3.43	2.29	3.86	1.13	0.00	0.00	0.00	0.00	62.00	1.35	48.00	8.75	0.00	0.00	0.00	130.81	

表 3-9（续）

编号		Nap	Acy	Ace	Flu	Phe	Ant	Fla	Pyr	BghiP	BaA*	Chr*	BbF*	BkF*	BaP*	DaA*	InP*	合计	评价结果
W11	RQ$_{NCs}$	4.17	71.43	85.71	100.00	46.67	128.57	30.00	128.57	566.67	900.00	47.06	1 000.00	275.00	220.00	340.00	500.00	4 443.85	高风险
	RQ$_{MPCs}$	0.04	0.71	0.86	1.00	0.47	1.29	0.30	1.29	5.67	9.00	0.47	10.00	2.75	2.20	3.40	5.00	41.60	
W12	RQ$_{NCs}$	4.17	71.43	85.71	100.00	33.33	114.29	30.00	128.57	600.00	1 000.0	47.06	1 000.00	300.00	240.00	360.00	550.00	4 664.56	高风险
	RQ$_{MPCs}$	0.04	0.71	0.86	1.00	0.33	1.14	0.30	1.29	6.00	10.00	0.47	10.00	3.00	2.40	3.60	5.50	43.93	
W13	RQ$_{NCs}$	5.83	114.29	128.57	142.86	40.00	142.86	40.00	185.71	866.67	1 400.0	67.65	1 400.0	450.00	340.00	540.00	825.00	6 689.44	高风险
	RQ$_{MPCs}$	0.06	1.14	1.29	1.43	0.40	1.43	0.40	1.86	8.67	14.00	0.68	14.00	4.50	3.40	5.40	8.25	65.37	
W14	RQ$_{NCs}$	3.33	71.43	71.43	85.71	26.67	85.71	23.33	114.29	500.00	800.00	41.18	800.00	250.00	200.00	320.00	475.00	3 868.08	高风险
	RQ$_{MPCs}$	0.03	0.71	0.71	0.86	0.27	0.86	0.23	1.14	5.00	8.00	0.41	8.00	2.50	2.00	3.20	4.75	34.59	

注：① * 表示 US EPA 列出的致癌性多环芳烃。
② ■高风险；■中等风险。

表 3-10　单一多环芳烃对矿井水多环芳烃总生态风险的贡献比例

编号		Nap	Acy	Ace	Flu	Phe	Ant	Fla	Pyr	BghiP	BaA*	Chr*	BbF*	BkF*	BaP*	DaA*	InP*
W1	RQ$_{NCs}$	1.71%	35.21%	23.47%	39.61%	—	—	—	—	—	—	—	—	—	—	—	—
	RQ$_{MPCs}$	—	35.82%	23.88%	40.30%	—	—	—	—	—	—	—	—	—	—	—	—
W2	RQ$_{NCs}$	2.35%	45.96%	—	51.70%	—	—	—	—	—	—	—	—	—	—	—	—
	RQ$_{MPCs}$	—	47.06%	—	52.94%	—	—	—	—	—	—	—	—	—	—	—	—
W3	RQ$_{NCs}$	0.25%	—	—	—	3.49%	15.56%	—	3.73%	33.40%	—	—	39.21%	—	4.36%	—	—
	RQ$_{MPCs}$	—	—	—	—	—	16.82%	—	—	36.10%	—	—	42.38%	—	4.71%	—	—
W4	RQ$_{NCs}$	1.80%	35.18%	23.88%	39.57%	—	—	—	—	—	—	—	—	—	—	—	—
	RQ$_{MPCs}$	—	35.82%	23.46%	40.30%	—	—	—	—	—	—	—	—	—	—	—	—

表3-10(续)

编号		NaP	Acy	Ace	Flu	Phe	Ant	Fla	Pyr	BghiP	BaA*	Chr*	BbF*	BkF*	BaP*	DaA*	InP*
W5	RQ_NCs	1.71%	35.21%	23.47%	39.61%	—	—	—	—	—	—	—	—	—	—	—	—
	RQ_MPCs	—	35.82%	23.88%	40.30%	—	—	—	—	—	—	—	—	—	—	—	—
W8	RQ_NCs	0.15%	2.85%	1.90%	3.21%	0.92%	—	—	—	13.03%	—	1.15%	39.93%	7.49%	9.15%	7.32%	12.89%
	RQ_MPCs	—	2.86%	1.90%	3.21%	0.92%	—	—	—	13.05%	—	1.15%	39.99%	7.50%	9.17%	7.33%	12.91%
W9	RQ_NCs	0.08%	2.11%	—	2.37%	0.68%	—	—	—	9.44%	38.16%	0.85%	30.16%	—	6.77%	—	9.39%
	RQ_MPCs	—	2.11%	—	2.38%	0.68%	—	—	—	9.44%	38.19%	0.85%	30.18%	—	6.78%	—	9.39%
W10	RQ_NCs	0.10%	2.62%	1.75%	2.95%	0.87%	—	—	—	—	47.35%	1.03%	36.66%	6.68%	—	—	—
	RQ_MPCs	—	2.62%	1.75%	2.95%	0.87%	—	—	—	—	47.40%	1.03%	36.70%	6.69%	—	—	—
W11	RQ_NCs	0.09%	1.61%	1.93%	2.25%	1.05%	2.89%	0.68%	2.89%	12.75%	20.25%	1.06%	22.50%	6.19%	4.95%	7.65%	11.25%
	RQ_MPCs	—	1.53%	1.84%	2.40%	—	3.09%	—	3.09%	13.63%	21.64%	—	24.05%	6.61%	5.29%	8.18%	12.02%
W12	RQ_NCs	0.09%	1.71%	1.92%	2.14%	0.71%	2.45%	0.64%	2.76%	12.86%	21.44%	1.01%	21.44%	6.43%	5.15%	7.72%	11.79%
	RQ_MPCs	—	1.75%	1.97%	2.28%	—	2.60%	—	2.93%	13.66%	22.76%	—	22.76%	6.83%	5.46%	8.20%	12.52%
W13	RQ_NCs	0.09%	1.85%	1.85%	2.14%	0.60%	2.14%	0.60%	2.78%	12.96%	20.93%	1.01%	20.93%	6.73%	5.08%	8.07%	12.33%
	RQ_MPCs	—	—	—	2.19%	—	2.19%	—	2.84%	13.26%	21.42%	—	21.42%	6.88%	5.20%	8.26%	12.62%
W14	RQ_NCs	0.09%	—	—	2.22%	0.69%	2.22%	0.60%	2.95%	12.93%	20.68%	1.06%	20.68%	6.46%	5.17%	8.27%	12.28%
	RQ_MPCs	—	—	—	—	—	—	—	3.30%	14.45%	23.13%	—	23.13%	7.23%	5.78%	9.25%	13.73%

注：① * 表示 US EPA 列出的致癌性多环芳烃。

② ■：高风险；▨：中等风险。

W5,其高风险因子主要为非致癌性的 Acy、Ace 和 Flu;对于高风险样品 W3,其高风险因子主要为非致癌性的 Ant、BghiP 以及致癌性的 BbF 和 BaP;此外,在总体为中等风险的样品 W2 中也存在高风险多环芳烃因子,为非致癌性的 Acy 和 Flu。淮南矿区的 3 个矿井水样总体均为高风险,水样 W8 的高风险因子为非致癌性的 Acy、Flu、Phe 和 BghiP,以及致癌性的 Chr、BbF、BkF、BaP、DaA 和 InP;水样 W9 的高风险因子为非致癌性的 Acy、Flu、Phe 和 BghiP,以及致癌性的 BaA、Chr、BbF、BaP 和 InP;水样 W10 的高风险因子为非致癌性的 Acy、Flu、Phe,以及致癌性的 BaA、Chr、BbF 和 BkF。兖州矿区水样 W11 和 W12 中的高风险因子主要为非致癌性的 Flu、Ant、Pyr 和 BghiP,以及致癌性的 BaA、BbF、BkF、BaP、DaA 和 InP。淄博矿区水样 W13 的高风险因子为非致癌性的 Acy、Ace、Flu、Ant、Pyr 和 BghiP,以及致癌性的 BaA、BbF、BkF、BaP、DaA 和 InP;水样 W14 的高风险因子为非致癌性的 Pyr 和 BghiP,以及致癌性的 BaA、BbF、BkF、BaP、DaA 和 InP。从总体来看,徐州矿区水样的高风险因子主要为非致癌性多环芳烃,淮南矿区水样的非致癌性多环芳烃和致癌性多环芳烃均存在显著的生态风险,这与其多环芳烃含量较高有关,兖州和淄博矿区水样的高风险主要来自致癌性多环芳烃。

3.5 本章小结

本章采集了我国部分煤矿区水体及井下污泥样品,分析了不同样品中多环芳烃的赋存特征;利用同分异构体比值法,综合相关资料分析,确定矿井水中多环芳烃主要来源于煤的释放;并以煤为主要释放源,模拟研究了关闭煤矿煤-矸石-矿井水体系中多环芳烃的变化特征,结果表明:

(1)矿区水体中 16 种多环芳烃的浓度范围为 0.69~4.61 μg/L。多环芳烃组成以 3 环多环芳烃为主,占比 42.37%,4~6 环多环芳烃的含量相对较少(分别占比 14.69%、18.55% 和 13.52%)。从致癌/非致癌组分来看,徐州矿区水体中多环芳烃以非致癌组分为主,主要为 Flu、Acy 和 Nap;淮南、淄博、兖州等老矿区矿井水中致癌多环芳烃占比最高,主要致癌组分为 Chr、InP、DaA 和 BbF 等。

(2)井下污泥中 16 种多环芳烃总浓度范围为 0.64~24.02 μg/g,以 3~5 环多环芳烃为主(分别占比 26.68%、27.75% 和 28.47%),其次是 6 环多环芳烃(占比 10.35%),2 环多环芳烃含量最少(占比 6.75%)。井下污泥中均检测到致癌性多环芳烃的存在,致癌成分以 BbF、Chr 和 BaP 为主(分别占比 10.34%、9.94% 和 9.24%),非致癌成分主要为 Phe(占比 14.53%)。

(3)封闭条件下煤-矸石中多环芳烃不断向水体中迁移,并存在一定的降解,水中多环芳烃含量最高为 20.83 μg/L,之后趋于稳定。实验初期,煤中多环芳烃的释放以低分子量多环芳烃为主,而中、高分子量多环芳烃的释放过程相对缓慢,但能够在水体中不断累积,因此,在实验过程中,中、高分子量多环芳烃占比不断增加(最高达 60% 以上)。矿井水中多环芳烃浓度的变化过程符合一级动力学模型,利用该模型能够对实验数据进行有效拟合。通过分析模型参数发现,矿井水中存在的表面活性剂等物质对煤中多环芳烃的释放起到促进作用,多环芳烃释放速率常数明显增大。

(4)参照《地下水质量标准》对矿井水中多环芳烃污染水平进行评价,结果表明,大部分矿井水存在 BaP 污染,特别是在关闭煤矿中,BaP 在矿井水中不断累积,污染情况严重。利用风险商值法对矿区水体进行生态风险评估,发现矿区水体中多环芳烃总体均处于中、高风险水平,其中 91.7% 的水体表现为高风险水平。因此,对于矿区水体多环芳烃污染应该予以重视并采取相应的控制和修复措施,以降低其污染风险。

参考文献

[1] 徐楚良,袁武建,缪旭光.矿井水中微量有机污染物的深度处理[J].煤矿环境保护,1998,12(4):7-10.

[2] 陈晶.淮南矿区环境中多环芳烃分布赋存规律及环境影响[D].北京:中国地质大学(北京),2005.

[3] BAUMARD P,BUDZINSKI H,GARRIGUES P.Polycyclic aromatic hydrocarbons (PAHs) in sediments and mussels of the Western Mediterranean Sea[J].Environmental toxicology and chemistry,1998,17(5):765-776.

[4] 谢正兰,孙玉川,张媚,等.岩溶地下河水中多环芳烃、脂肪酸分布特征及来源分析[J].环境科学,2016,37(7):2547-2555.

[5] YUNKER M B,MACDONALD R W,VINGARZAN R,et al.PAHs in the Fraser River Basin:a critical appraisal of PAH ratios as indicators of PAH source and composition[J].Organic geochemistry,2002,33(4):489-515.

[6] 刘静静.典型煤矿区土壤中烃类化合物的地球化学循环研究[D].合肥:中国科学技术大学,2014.

[7] CHEN Y,SHENG G,BI X,et al.Emission factors for carbonaceous particles and polycyclic aromatic hydrocarbons from residential coal combustion in China[J].Environmental science & technology,2005,39(6):1861-1867.

[8] ACHTEN C,HOFMANN T.Native polycyclic aromatic hydrocarbons (PAH) in coals:a hardly recognized source of environmental contamination[J].Science of the total environment,2009,407(8):2461-2473.

[9] 郝春明,黄越,黄玲,等.废弃煤矿矿井水中多环芳烃菲分布特征和来源解析[J].煤炭科学技术,2018,46(9):99-103.

[10] 杨策,钟宁宁,陈党义,等.煤矿区地表水悬浮颗粒物中 PAHs 的分布特征[J].中国环境科学,2007,27(4):488-492.

[11] 欧阳赛兰.煤矸石山污染物的淋溶实验研究[D].邯郸:河北工程大学,2013.

[12] 李桂春,赵文超,刘彦飞.UV-Fenton 试剂处理含乳化液(油)矿井水的实验[J].黑龙江科技学院学报,2011,21(1):11-15.

[13] 孟晶.利用生物柴油去除石油污染沙滩中多环芳烃的模拟实验[D].青岛:青岛理工大学,2012.

[14] XUE J,LIU G,NIU Z,et al.Factors that influence the extraction of polycyclic aromatic hydrocarbons from coal[J].Energy & fuels,2007,21(2):881-890.

[15] KALF D F,CROMMENTUIJN T,VAN DE PLASSCHE E J.Environmental quality

objectives for 10 polycyclic aromatic hydrocarbons（PAHs）[J].Ecotoxicology and environmental safety,1997,36(1):89-97.

[16]蓝家程.岩溶地下河系统中多环芳烃的迁移、分配及生态风险研究[D].重庆:西南大学,2014.

第4章 煤矿井下微生物群落分布及演替模拟实验

煤矿井下各种生态要素,如温度、湿度、营养元素、光照、能量传递等与地表环境有巨大的差异,因此,在井下巷道、工作面环境中形成了特有的生物群落。煤矿关闭后,地下水水位回弹,巷道淹水后井下环境再次发生改变,原有的好氧环境逐渐转化为缺氧/厌氧环境,原有的微生物群落再次发生改变。而微生物群落的改变对井下多环芳烃等有机污染物的转化降解有着重要的影响[1-2]。因此,本章利用 MiSeq 高通量测序手段,确定煤矿井下细菌群落分布特征,分析细菌群落分布的主要影响因素,并在实验室条件下模拟关闭矿井的淹水过程,研究矿井关闭后细菌群落的演替规律。

4.1 样品采集与分析

4.1.1 样品采集

样品采自徐州贾汪矿区权台煤矿井下。贾汪矿区位于徐州东部,煤层主要赋存于下石盒子组、山西组和太原组,含煤 14～18 层,局部可达 20 层,总厚度约 450 m,煤层总体厚度约 8.09 m。其中,下石盒子组厚 122～210 m,总共含有 6 层煤层,主采 1、3 煤层;山西组含有 3 层煤层,厚约 160 m,主采 17、20、21 煤层。本书共从权台煤矿井下 9# 煤层的 −550～−700 m 水平采集巷道沉积物样本 8 个,分别采自岩巷(Y1、Y2、Y3、Y4)和煤巷(M1、M2、M3、M4),各巷道功能及环境条件见表 4-1,采样点位分布如图 4-1 所示。微生物样品采用灭菌后的 250 mL 棕色玻璃瓶采集,干冰保存运送至上海美吉生物医药科技有限公司进行测序分析。理化性质测试样品采用聚乙烯密封袋采集,于 4 ℃条件下运送至实验室备用。

表 4-1 采样巷道功能及环境条件

巷道类型	编号	标高/m	温度/℃	湿度/%	功能描述
岩巷	Y1	−600	21	80	回风巷,通风、排水
	Y2	−600	22	84	通风、排水
	Y3	−640	20	82	大巷,行人、运输、排水、通风
	Y4	−670	20	84	水仓、排水
煤巷	M1	−600	25	80	通风、排水
	M2	−600	25	78	通风、排水
	M3	−600	24	81	通风、排水
	M4	−560	27	79	采空区

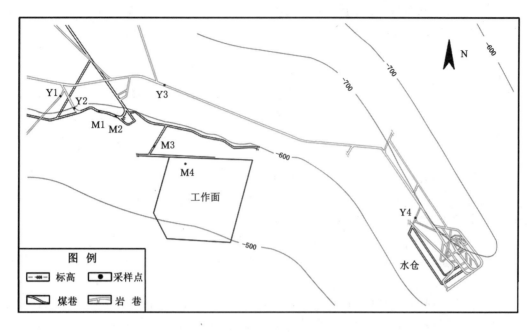

图 4-1　采样煤层及点位分布图

4.1.2　细菌群落多样性分析

生物多样性分析委托上海美吉生物医药科技有限公司进行 MiSeq 高通量测序分析,流程如图 4-2 所示。

4.1.2.1　基因组 DNA 提取和 PCR 扩增

将样品在冰上融化后,充分混匀并离心,取 2 μL 样品,根据 E.Z.N.A.® Soil 试剂盒(Omega Bio-tek 公司,美国)说明书进行总 DNA 抽提,DNA 浓度和纯度利用 NanoDrop 2000 进行检测,利用 1% 琼脂糖凝胶电泳检测 DNA 提取质量;在 PCR 仪(ABI GeneAmp® 9700 型)上用 338F(5′-ACT ACGGGAGGCAG CAG-3′)和 806R(5′-GGAC-TACHVGGGTWTCTAAT-3′)引物对 V3-V4 可变区进行 PCR 扩增[3]。PCR 扩增采用 TransGen AP221-02:Trans-Start FastPfu DNA Polymerase,20 μL 反应体系,包括 5×FastPfu 缓冲液(4 μL)、2.5 mmol/L dNTPs(2 μL)、上游引物(5 μmol/L)(0.8 μL)、下游引物(5 μmol/L)(0.8 μL)、FastPfu 聚合酶(0.4 μL)、BSA(0.2 μL)、DNA 模板(10 ng),补充二次蒸馏水至 20 μL。扩增程序为:95 ℃ 预变性 3 min,27 个循环(95 ℃ 变性 30 s,55 ℃ 退火 30 s,72 ℃ 延伸 30 s),最后 72 ℃ 延伸 10 min。

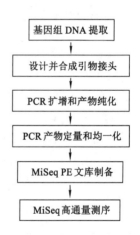

图 4-2　MiSeq 测序流程

4.1.2.2　Illumina MiSeq 文库构建

使用 2% 琼脂糖凝胶回收 PCR 产物,利用 AxyPrep DNA 凝胶回收试剂盒(Axygen Biosciences 公司,美国)进行纯化,Tris-HCl 洗脱,2% 琼脂糖电泳检测。利用 QuantiFluor™-ST 荧光定量系统(Promega 公司,美国)进行检测定量。根据 Illumina MiSeq 平台(Illumina 公司,美国)标准操作规程将纯化后的扩增片段构建 PE 2×300 的文库。构建文库步骤为:① 连接"Y"

字形接头;② 使用磁珠筛选去除接头自连片段;③ 利用 PCR 扩增进行文库模板的富集;④ 氢氧化钠变性,产生单链 DNA 片段。

4.1.2.3 MiSeq 测序

通过碱基互补将 DNA 片段的两端固定在芯片上形成"桥"(bridge),在 PCR 扩增的基础上形成 DNA 簇,之后线性化成 DNA 单链,利用改造过的 DNA 聚合酶将荧光标记的脱氧核糖核苷酸(dNTP)聚合到模板序列上,利用激光扫描芯片的反应板表面,统计荧光信号获得模板 DNA 片段的序列。

4.1.2.4 数据处理

原始测序序列使用 Trimmomatic 软件质控,使用 Flash 软件进行拼接:

(1) 设置 50 bp 的窗口,如果窗口内的平均质量值低于 20,从窗口开始截去后端碱基,去除质控后长度低于 50 bp 的序列。

(2) barcode 需精确匹配,引物允许 2 个碱基的错配,去除模糊碱基。

(3) 根据重叠碱基 overlap 将两端序列进行拼接,overlap 需大于 10 bp。去除无法拼接的序列。

使用的 UPARSE 软件(Version 7.1),根据 97% 的相似度对序列进行 OTU 聚类(使用 UCHIME 软件剔除嵌合体),生成 OTU 分类统计表。利用 RDP Classifier 比对 Silva 数据库对 OTU 序列进行物种分类注释,设置比对阈值为 70%。

4.2 煤矿井下微生物群落分布

4.2.1 煤矿井下微生物群落丰富度及多样性

如表 4-2 所列,MiSeq 高通量测序总共从 8 个样本中获得 85 506 个有效序列,单个样品获得的有效序列数从 5 990 到 13 926 不等。8 个样本共获得 720 个 OTU,单个样本 OTU 个数从 118 个到 406 个不等。在 97% 的置信区间内,样本的覆盖率为 98.66%～99.47%,表明样本中绝大多数的微生物能够被获得和检测出来[4]。此外,对序列进行随机抽样,以抽到的序列数和对应的 OTU 构建稀释曲线,结果如图 4-3 所示,可以看出,所有样品的稀释曲线都趋于平坦,更多的数据量仅产生少量的 OTU,表明测序数据量合理,能够反映细菌群落的真实情况。

表 4-2 高通量测序结果

样品编号	Y1	Y2	Y3	Y4	M1	M2	M3	M4
有效序列数/条	12 124	11 910	12 620	5 990	7 822	11 440	13 926	9 674
OTU/个	168	302	371	406	290	351	118	252
覆盖率/%	98.93	98.83	98.70	98.66	98.85	98.85	99.47	99.00

4.2.1.1 细菌群落丰富度

细菌群落丰富度常用 ACE 指数和 Chao1 指数表征,指数值越大表示细菌群落丰富度越高。

Chao1 指数是用 Chao1 算法估计样本中所含 OTU 数目的指数,由 Chao 最早提出,常用来估计物种总数,通过下式进行计算:

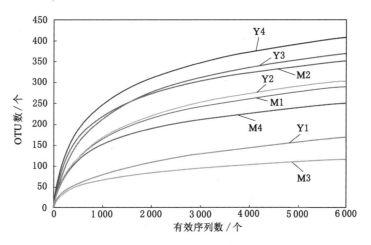

图 4-3　样品稀释性曲线分布

$$S_{Chao1} = S_{obs} + \frac{n_1(n_1 - 1)}{2(n_2 + 1)} \tag{4-1}$$

式中：S_{Chao1} 为估计的 OTU 数；S_{obs} 为实际观测到的 OTU 数；n_1 表示只含有一条序列的 OTU 数目；n_2 表示只含有两条序列的 OTU 数目。

　　ACE 指数同样由 Chao 提出，用来估计群落中 OUT 数目，生态学中常用来估计物种总数，计算过程如下：

$$S_{ACE} = \begin{cases} S_{abund} + \dfrac{S_{rare}}{C_{ACE}} + \dfrac{n_1}{C_{ACE}}\hat{\gamma}^2_{ACE}, & \hat{\gamma}_{ACE} < 0.80 \\[2mm] S_{abund} + \dfrac{S_{rare}}{C_{ACE}} + \dfrac{n_1}{C_{ACE}}\tilde{\gamma}^2_{ACE}, & \hat{\gamma}_{ACE} \geqslant 0.80 \end{cases} \tag{4-2}$$

其中：

$$N_{rare} = \sum_{i=1}^{abund} i n_i, \quad C_{ACE} = 1 - \frac{n_1}{N_{rare}} \tag{4-3}$$

$$\hat{\gamma}^2_{ACE} = \max\left[\frac{S_{rare}}{C_{ACE}}\frac{\sum\limits_{i=1}^{abund} i(i-1)n_i}{N_{rare}(N_{rare}-1)} - 1, 0\right] \tag{4-4}$$

$$\tilde{\gamma}^2_{ACE} = \max\left[\hat{\gamma}^2_{ACE}\left\{1 + \frac{N_{rare}(1-C_{ACE})\sum\limits_{i=1}^{abund} i(i-1)n_i}{N_{rare}(N_{rare}-C_{ACE})}\right\}, 0\right] \tag{4-5}$$

式中，n_i 表示含有 i 条序列的 OTU 数目；S_{rare} 表示等于或少于"abund"条序列的 OTU 数目；S_{abund} 表示多于"abund"条序列的 OTU 数目；abund 为"优势"OTU 的阈值，默认为 10。

　　分析样品 Chao1 指数[图 4-4(a)]和 ACE 指数[图 4-4(b)]计算结果可以看出，在岩巷中，Chao1 指数和 ACE 指数平均值分别为 377 和 387，高于煤巷样品中细菌群落丰富度指数，说明岩巷中细菌群落丰富度较岩巷细菌群落丰富度高。由于回风大巷等岩巷一般在建矿之初便已建成，为煤矿开采工作服务时间久，人类活动频繁；此外，从表 4-1 所列采样环境条件可以看出，大巷平均湿度较高，在一定湿度范围内，细菌（尤其是革兰氏阳性菌）群落丰富度和多样性与环境湿度呈显著正相关[5-6]，且井下温度适宜，更适宜细菌生长繁殖[7-8]，因

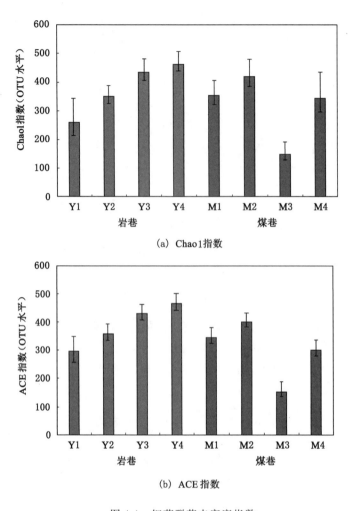

(a) Chao1指数

(b) ACE指数

图 4-4 细菌群落丰富度指数

此在岩巷中细菌群落丰富度较高。

4.2.1.2 细菌群落多样性

细菌群落多样性常用 Shannon 指数和 Simpson 指数来表征，Shannon 指数值越大、Simpson 指数值越小，表明细菌群落多样性越丰富。

Shannon 指数计算借用了信息论中不定性测量的方法，细菌群落多样性越高，其不定性就越大，Shannon 指数值越大，常用于反映群落的 α-多样性。

$$H_{\text{Shannon}} = -\sum_{i=1}^{S_{\text{obs}}} \frac{n_i}{N} \ln \frac{n_i}{N} \tag{4-6}$$

式中，S_{obs} 指实际观测到的 OTU 数目；n_i 指第 i 个 OTU 所含的序列数；N 表示所有的序列数。

Simpson 指数同样是用来估算样本中微生物多样性的指数之一，由 Simpson 提出，该指数是基于在一个无限大的群落中，随机抽取两个个体，它们属于同一物种的概率是多少这样的假设而推导出来的，在生态学中常用来定量描述一个区域的生物多样性。

$$D_{\text{Simpson}} = \frac{\sum_{i=1}^{S_{\text{obs}}} n_i(n_i - 1)}{N(N-1)} \tag{4-7}$$

式中，S_{obs} 指实际观测到的 OTU 数目；n_i 表示第 i 个 OTU 所含的序列数；N 表示所有的序列数。

如图 4-5 所示，在权台煤矿岩巷和煤巷中，Shannon 指数的平均值分别为 4.03 和 3.93，Simpson 指数的平均值分别为 0.08 和 0.06，统计分析结果表明，煤矿井下环境中微生物多样性在煤巷和岩巷中的差异并不显著（$P > 0.05$）。但从单个样本来看，微生物群落多样性差别较大，说明煤矿井下微生物群落多样性受微环境影响明显，如 Y1 样点，在回风口处，环境湿度相对较小，样品中多为砂石泥沙，且人为干扰频繁，微生物生长环境恶劣，因此，生物多样性明显偏低；而在 Y4 样点湿度较高的区域，微生物群落多样性更丰富。此外，M3 样点因受机械用油等的污染，微生物群落多样性明显偏低[9]。

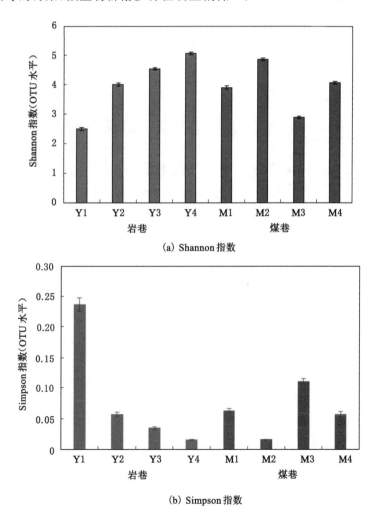

(a) Shannon 指数

(b) Simpson 指数

图 4-5　细菌群落多样性指数

4.2.2 细菌群落组成分析

4.2.2.1 不同功能巷道共有细菌群落分析

分析 MiSeq 高通量测序结果,权台煤矿井下环境样本中共检测到 22 种不同门类细菌(如图 4-6 所示,相对丰富度指不同细菌门的 OTU 数占样本总 OTU 数的比值),其中有 17 种细菌为煤巷和岩巷中共有。如图 4-7 所示,按不同细菌门类丰富度进行统计分析,煤矿井下最丰富的细菌门类是变形菌门(Proteobacteria,平均占比 36.9%)、厚壁菌门(Firmicutes,平均占比 24.0%)和放线菌门(Actinobacteria,平均占比 20.0%),共占比 80% 以上。其中,变形菌门和厚壁菌门微生物主要分布在岩巷中,而放线菌门微生物在煤巷中分布较为广泛。

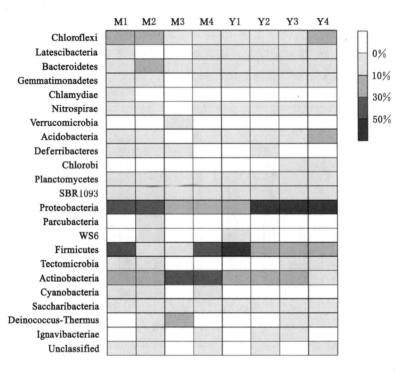

图 4-6　不同功能巷道细菌门类相对丰富度热图

（1）变形菌门

变形菌门是细菌中最大的一门,因其内部细菌形态极为多样而命名。变形菌门细菌均为革兰氏阴性菌[10],共包括 α-变形菌纲、β-变形菌纲、δ-变形菌纲等 6 个纲[11]。变形菌门广泛分布在各种环境中,类群庞大,具有丰富的生物多样性,涵盖多种生物代谢类型,既有好氧菌也有厌氧菌,既有自养型也有异养型,在促进环境中氮磷循环[12]、土壤修复[13]、复杂污染物降解[14]等领域均具有重要的应用价值。

统计分析不同功能巷道样本中变形菌门细菌属,发现岩巷和煤巷中属于变形菌门的细菌属分别有 133 种和 109 种,岩巷中变形菌门细菌多样性较煤巷丰富。如附图 6(a)所示,在煤巷中,丰富度最高的菌属为微泡菌属,为革兰氏阴性菌,往往在海洋中分布较为广泛,有研究表明该菌属能够合成并积累对羟基苯甲酸[15];而在岩巷中,丰富度最高的细菌属为假单胞菌属,为革兰氏阴性菌,大部分假单胞菌为好氧菌,同时存在部分兼性厌氧菌。可以看出,煤矿井下微生物群落多样性受井下环境条件影响明显,岩巷等通风巷道在多样性和丰富

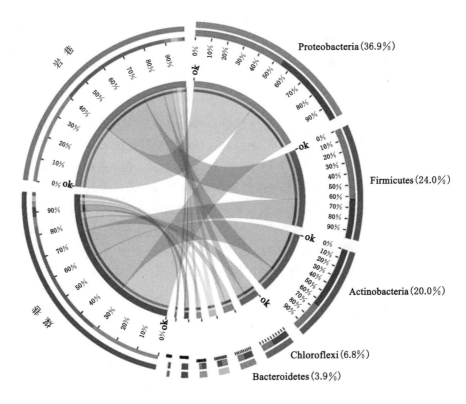

Proteobacteria(36.9%)

Firmicutes(24.0%)

Actinobacteria(20.0%)

Chloroflexi(6.8%)

Bacteroidetes(3.9%)

图 4-7　细菌群落组成分析(按细菌门统计)

度上相对较高,且更有助于好氧菌的生长。

（2）厚壁菌门

厚壁菌门微生物细胞壁肽聚糖含量较高,细胞壁较厚,绝大部分为革兰氏阳性菌。厚壁菌门分为梭菌纲、芽孢杆菌纲、丹毒丝菌纲、热石杆菌纲和部分不确定类群[16]。其中,梭菌纲细菌一般为专性的厌氧菌,在动物肠道、高温堆肥及沼气发酵等环境中具有很强的生物活性[17],而芽孢杆菌可以产生芽孢,抵抗脱水和极端环境,因此对环境适应性极强,能够去除土壤等环境中的一些难降解有机污染物[18-19]。

相对变形菌,样本中厚壁菌门细菌属种类明显较少,在煤巷和岩巷中分别为 15 种和 14 种。从附图 6(b)的统计结果可以看出,厚壁菌门中杆菌属和乳球菌属在煤巷和岩巷中丰富度占比均比较高,但二者顺序却正好相反,特别是在岩巷中,乳球菌属微生物在厚壁菌门中占绝对优势,占比约为 74%。乳球菌属细菌形态为球形或圆形,绝大多数为兼性厌氧菌。此外,在通风条件较差的采空区中同样存在大量的乳球菌属细菌。

（3）放线菌门

放线菌是一类革兰氏阳性细菌,菌落呈放射状,大多有基内菌丝和气生菌丝,依靠孢子繁殖。放线菌在土壤中普遍分布,大多为腐生菌,能促进土壤中动植物遗骸腐烂,在自然界氮素循环中起着一定的作用[20-21]。此外,放线菌能够产生多种生物活性物质,如维生素、抗生素、酶抑制剂等[22]。

根据细菌属统计,如附图 6(c)所示,在煤巷和岩巷中放线菌门的菌属种类分别为 38 种和 32 种。从煤巷中监测结果可以看出,分枝杆菌属和嗜酸栖热菌属在放线菌门中丰富度较高。特别是嗜酸栖热菌属细菌,仅仅在 M4 样本中监测到。M4 采自采空区残留煤柱附近,样本理化性质监测发现样本中黄铁矿硫的含量较高,研究表明,该菌属细菌在一定程度上影响酸性矿井水的形成[23]。

4.2.2.2 不同功能巷道特有细菌群落分析

采用基于 Bray-Curtis 距离度量的主成分分析(PCoA)方法对不同巷道的群落结构差异进行分析,结果如图 4-8 所示,主成分 1(PC1)和主成分 2(PC2)分别解释 OTU 水平细菌群落变化的 27.0% 和 22.0%。由图 4-8 可见,岩巷样品(Y1~Y4)在主成分分析结果中分布较集中,说明岩巷细菌群落结构相似度较高,但煤巷样品(M1~M4)中细菌群落分布差异较大。在煤巷样品中,M3 样品采样区域受到机油等污染,研究表明,机油污染显著抑制土壤中细菌的丰富度和多样性[9,24],并对环境中的微生物种群起一定的筛选作用,促进了与脂肪烃、多环芳烃降解相关的微生物生长,同时限制了与烃降解无关的微生物的发展[25]。从煤矿井下样品丰富度和多样性统计结果(图 4-4 和图 4-5)也可以看出,M3 样品细菌群落丰富度和多样性均较低。M4 样品采自含大量煤炭的采空区,样品中总碳、总氮、温度和湿度等影响微生物生长的环境要素与其他煤巷样品差异较大,因此,在细菌群落结构上存在明显不同。

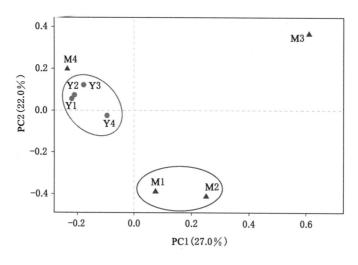

图 4-8　细菌群落主成分分析

从图 4-6 不同功能巷道细菌门类统计结果可以看出,绿菌门(Chlorobi)细菌仅在岩巷(Y3、Y4 样点)中检测到,Y4 样点绿菌门丰富度相对较高,这是因为 Y4 为水仓附近样品,绿菌门细菌可以进行缺氧光合作用,利用菌绿素吸收光能,利用硫化物、Fe 作为电子受体,将硫氧化成硫酸盐[26]。

煤巷中典型的细菌门类包括衣原体门、疣微菌门、蓝细菌等。特别是蓝细菌,在煤巷样品中检出率较高,为 75%。蓝细菌是地球上最古老的一种光合自养原核生物,形态微小、易繁殖,对多种极端环境(冷、热、干旱、高盐度)等有较强的适应能力[27],可以适应贫氧环境。姜红霞等人研究重庆老龙洞二叠系-三叠系界线地层时发现了以蓝细菌为主的微生物群落地层,证实了蓝细菌在煤系地层中的存在[28]。

4.3　微生物群落分布影响因素

4.3.1　煤矿井下环境因素分析

本章结合 MiSeq 高通量测序手段分析煤矿井下细菌群落的分布特征。结果发现,煤矿井下不同区域细菌群落以变形菌门、厚壁菌门、放线菌门、绿弯菌门和拟杆菌门为主。在不同功能巷道中,细菌群落丰富度和多样性呈现不同的分布特征,表明细菌群落受环境和样品理化性质的影响。

表 4-1 及表 4-3 列出了 8 个样品的采样点环境特征和理化性质,可以看出,采样点温度和湿度分别为 $20\sim26$ ℃和 78%～84%,按功能巷道的不同进行统计分析,发现岩巷和煤巷间的温、湿度存在显著差异($P<0.05$);pH 值分布在 $7.92\sim8.87$,为弱碱性环境;TOC、SO_4^{2-} 和 TN 含量分别为(273.14 ± 171.84) g/kg、(1.376 ± 0.967) g/kg 和(6.01 ± 4.16) g/kg,不同巷道间差异不显著($P>0.05$);对不同理化指标进行相关性检验,结果表明 TOC 和 TN 之间存在显著相关性($R^2=0.940$,$P<0.01$),结合微生物生长对碳、氮的需求关系,本书将碳氮摩尔比作为一个重要的影响因素进行讨论。

表 4-3　样品理化性质

巷道类型	编号	pH 值	TOC 含量 /(g·kg^{-1})	SO_4^{2-} 含量 /(g·kg^{-1})	TN 含量 /(g·kg^{-1})	$n(C):n(N)$
岩巷	Y1	8.87	34.11	1.102	0.86	46.27
	Y2	8.34	381.28	0.475	7.08	62.83
	Y3	7.92	398.36	2.299	7.96	58.39
	Y4	8.04	271.87	1.995	5.08	62.44
煤巷	M1	8.08	145.21	1.976	3.24	52.29
	M2	7.99	203.08	2.424	4.26	55.62
	M3	8.18	175.68	0.570	1.14	179.79
	M4	8.36	575.50	0.164	12.67	52.99

由于样品 M3 受到机油的污染,细菌群落生长受到明显的抑制,因此在研究环境因子影响的过程中剔除该样品。以监测到的细菌 OTU 数来表征细菌群落丰富度,分析细菌群落丰富度变化与不同环境因素之间的相关性,结果如表 4-4 所列。从相关性分析结果可以看出,细菌群落丰富度和样品 pH 及碳氮摩尔比之间存在显著的相关性,因此,本书对 pH 和碳氮摩尔比对细菌群落分布的影响进行了单独讨论。

表 4-4　不同环境因子与细菌群落丰富度的相关性及显著性

	温度	湿度	pH	TN	硫酸盐	$n(C):n(N)$
相关性	-0.278	0.420	-0.906^{**}	0.256	0.610	0.813^{**}
显著性	0.546	0.349	0.005	0.579	0.146	0.026

注:** 表示 P 在 0.01 水平显著相关。

4.3.2 pH 对微生物群落分布的影响

研究表明,细菌群落多样性与环境 pH 有着密切的关系,pH 是影响细菌多样性和群落组成的主要因子。从样品检测结果可以看出,环境样品 pH 值分布在 7.92~8.87,对煤矿井下样品中细菌群落丰富度有一定的影响,从图 4-9 可以看出,细菌群落丰富度与环境碱度呈负相关,越接近中性环境,细菌群落丰富度越高,多样性越丰富。

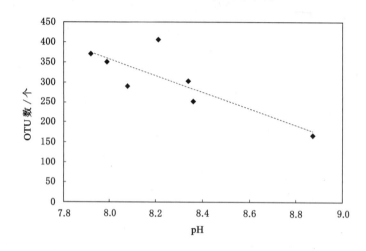

图 4-9　细菌群落丰富度与样品 pH 值之间的关系曲线

反之,微生物群落的变化又会在一定程度上影响生态环境。细菌群落分布分析结果发现,在采掘工作面,细菌主要以放线菌和变形菌为主,而这类细菌中,硫氧化细菌占主要组成部分,而在煤层中往往含有一定量的黄铁矿以及单质硫,在好氧环境中,黄铁矿经微生物氧化形成硫酸等物质,使环境呈酸性;但在缺氧环境中,黄铁矿则会在微生物的作用下利用含氧离子团,同时消耗一定的氢离子形成硫酸盐。这可能是造成采掘工作面硫酸盐浓度较高,同时 pH 也要高于其他环境的主要原因之一。

4.3.3 碳氮摩尔比对微生物群落分布的影响

有机碳和氮是构成生物组织、提供能量来源的主要物质,研究表明,微生物群落多样性和丰富度受多种因素的影响,包括 pH、水分、氮、磷等,特别是氮和有机碳含量,对微生物多样性影响明显[29-30]。一些学者针对土壤环境的调研和模拟试验表明,细菌群落分布特征和碳氮摩尔比之间存在明显的相关性[31]。为了研究煤矿井下特殊生境下微生物群落分布受总有机碳和氮素的影响情况,我们分析了 7 个样品的碳氮摩尔比和 OTU 之间的相互关系(图 4-10),结果发现,二者之间存在显著的正相关性($R^2 = 0.91$),表明井下环境中微生物群落分布受碳氮摩尔比的影响,本书所有样品碳氮摩尔比分布在 46.12~62.42,随着碳氮摩尔比的减小,OTU 个数逐渐减少。此外,研究发现,在煤矿井下环境中,随着碳氮摩尔比减小,TOC、TN 均出现不同程度的减小,这主要是因为随着采矿活动的进行,在 TOC 和 TN 不断被分解的过程中,与 TOC 变化量相比,TN 的含量变化较小。TOC、TN 等营养元素的减少反过来影响微生物,造成 OTU 数量逐渐减少。

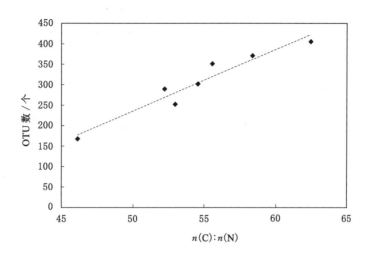

图 4-10　细菌群落丰富度与样品碳氮摩尔比之间的关系曲线

4.4　模拟闭矿条件下微生物群落演替规律

4.4.1　关闭矿井微生物群落演替实验模拟

模拟实验所用矿井水样、巷道沉积物样、煤样均取自徐州矿务集团下的权台煤矿。总共获得矿井水样本 10 L、巷道沉积物样本 1 kg、煤样本 1 kg。将煤样、巷道沉积物样装入灭菌封口袋中,水样装入灭菌棕色玻璃瓶中,置于 4 ℃恒温箱中运回实验室备用。

由于各地区矿井生产状况、水文地质及井下环境均具有特殊性,废弃矿井封闭后,地下水回灌形式、回灌过程不尽相同,时间和上升水位难以确定,因此,本书仅根据废弃矿井地下水水位回弹一般过程,进行实验室静态微环境模拟。将采自权台矿井下的煤、巷道沉积物等环境样品等比均匀混合,取 10 个 500 mL 棕色旋盖样品瓶(高硼硅玻璃),高压灭菌后分别装入 100 g 混合物,缓慢注入 400 mL 矿井水,旋紧瓶盖并蜡封,静置于(25±1) ℃恒温培养箱中,分别于实验开始的第 0 天、第 15 天、第 45 天、第 75 天和第 135 天取样,记为 F0~F4,实验室分析样品细菌群落多样性和影响微生物活动的主要理化指标,包括总磷、氨氮、硝酸盐氮、氧化还原电位等。由于反应体系含有煤等有机质,碳源充足,因此,研究期内不考虑碳源对细菌生长的限制作用。为保证实验的准确性,每次取两个平行样品混合后进行测量。此外,在煤矿关闭过程中,往往存在一些封闭不良的钻孔,此时矿井并非完全封闭的状态,因此,本书设置半封闭实验组,模拟该环境下细菌群落演替。半封闭实验组主体过程与封闭实验相同,但在封口处添加一条棉线作为导气通道,模拟封闭不良钻孔。半封闭实验样品记为 B0~B4,其中 B0 为实验初始样品,与 F0 相同。

4.4.2　闭矿条件下矿井水理化性质变化规律

在模拟关闭矿井反应体系中,样品理化性质变化与细菌的生长之间相互影响,因此,为了探明关闭矿井细菌群落演替规律及其主要影响因素,对反应体系影响微生物活动的相关理化指标进行了检测。如表 4-5 所列,模拟反应体系 pH 均呈弱碱性,不同封闭条件下 pH 差异不显著($P>0.05$),可能由于细菌生长代谢过程中消耗了部分氢离子造成,权台煤矿井下环境样品监测结果同样呈弱碱性,与模拟实验结果相一致。氧化还原电位(ORP)主要反映了模拟反应体系的氧化还原状态,受体系中分子氧和含氧基团的影响。检测结果表明,封闭条件下,由于无分子氧补充,微生物生长消耗了模拟反应体系中的氧和含氧基团,ORP 不断降低,形成缺氧/厌氧环境。半封闭条件下,模拟反应体系与外界存在空气交换,因此,消耗掉的分子氧能不断得到补充,另外硝酸盐、硫酸盐等含氧基团的增加,导致半封闭条件下反应体系 ORP 升高,呈好氧状态。

表 4-5 模拟关闭矿井样品理化性质

模拟条件	编号	时间/d	pH	ORP/mV	TP /(mg·L⁻¹)	氨氮/(mg·L⁻¹)	硝态氮/(mg·L⁻¹)
封闭条件	F0	0	7.54	180.3	0.94	0.03	3.22
	F1	15	7.52	177.8	0.70	0.30	2.98
	F2	45	7.62	163.4	0.42	0.72	2.03
	F3	75	7.52	147.8	0.04	0.78	1.53
	F4	135	7.97	115.3	0.02	0.87	0.49
半封闭条件	B0	0	7.54	180.3	0.94	0.03	3.22
	B1	15	7.56	186.2	2.09	0.33	3.60
	B2	45	7.61	193.7	0.24	0.87	4.66
	B3	75	7.97	195.3	0.06	0.66	7.29
	B4	135	8.04	213.6	0.01	0.52	10.14

C、N、P 为微生物生长代谢必需的元素,为微生物提供营养和能量,从检测结果可以看出,随着模拟实验的进行,微生物生长消耗了模拟反应体系中大量的营养物质,总磷含量不断下降,由最初的 0.94 mg/L 降至 0.01 mg/L 左右。营养物质的消耗在一定程度上也限制了微生物的生长,因此,相对实验初期而言,实验后期总磷等营养物质的变化率明显减小。模拟实验系统中氮的主要变化过程为有机氮在好氧或厌氧环境中经微生物氨化作用分解为氨氮,之后经硝化作用形成硝态氮,然后在反硝化作用下转化为氮气。其中,硝化作用过程一般在好氧条件下完成,在封闭条件下,实验后期反应体系为缺氧/厌氧状态,因此,出现了氨氮的累积,氨氮含量明显高于半封闭条件下;而反硝化过程一般在厌氧状态下完成,因此封闭条件下硝态氮不断被分解消耗,在半封闭条件下则出现了硝态氮的累积,这也是半封闭条件下氧化还原电位升高的原因之一。

4.4.3 关闭矿井微生物种群构成及变化规律

经过传统微生物分离培养计数,结果如表 4-6 所列,结果表明,各模拟水样中细菌数量为 $(2.3\sim4.6)\times10^4$ CFU/mL,霉菌数量为 $(0.2\sim2.5)\times10^2$ CFU/mL,酵母菌数量为 $(0.3\sim3.3)\times10^2$ CFU/mL,放线菌数量为 $(0.11\sim1.70)\times10^3$ CFU/mL。其中细菌是模拟水样中存在数量最多的微生物,所占比例达到 90% 以上。

表 4-6　模拟实验菌落计数　　　　　　　　　　　　单位：CFU·mL^{-1}

模拟条件	编号	时间	可培养好氧微生物	细菌	霉菌	酵母菌	放线菌
封闭条件	F0	0 d	3.1×10^4	2.9×10^4	2.5×10^2	3.3×10^2	1.70×10^3
	F1	15 d	3.3×10^4	3.2×10^4	2.0×10^2	2.4×10^2	1.44×10^3
	F2	45 d	3.6×10^4	3.5×10^4	1.2×10^2	1.7×10^2	7.20×10^2
	F3	75 d	3.0×10^4	3.0×10^4	0.4×10^2	0.9×10^2	3.50×10^2
	F4	135 d	2.3×10^4	2.3×10^4	0.2×10^2	0.3×10^2	1.10×10^2
半封闭条件	B0	0 d	3.1×10^4	2.9×10^4	2.5×10^2	3.3×10^2	1.70×10^3
	B1	15 d	4.0×10^4	3.8×10^4	2.1×10^2	2.9×10^2	1.53×10^3
	B2	45 d	4.5×10^4	4.4×10^4	1.2×10^2	2.2×10^2	1.10×10^3
	B3	75 d	4.7×10^4	4.6×10^4	0.8×10^2	1.1×10^2	8.60×10^2
	B4	135 d	4.5×10^4	4.5×10^4	0.5×10^2	0.6×10^2	1.70×10^2

4.4.3.1　完全封闭条件下矿井水中微生物群落动态变化

由图 4-11 可以看出，在完全封闭环境中，水中微生物总数呈现先增长后减小的趋势，第 45 天时总量达到最大，约为 3.6×10^4 CFU/mL，细菌数量呈相同趋势。原因可能是模拟废弃矿井封闭后外排矿井水回灌，煤泥混合样中大量的微生物进入水环境，造成微生物数量增加。另外，煤泥混合样中富含的氮、磷、有机质等营养成分也进入水中，微生物利用营养物质进行生长繁衍，也造成微生物总数增加。而随着氧气消耗及微生物可利用碳源与所需营养成分减少，好氧微生物逐渐死亡，可培养微生物总数减小。

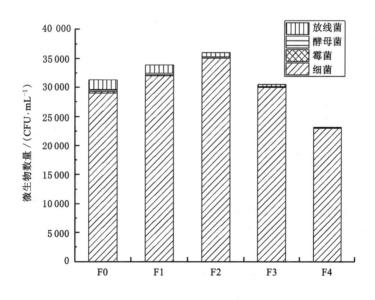

图 4-11　完全封闭条件下矿井水中微生物总量变化

在完全封闭环境中,细菌是矿井水中数量最多的微生物,占比在90%以上,其次是放线菌,而真菌数量和占比均较小。随着时间变化,细菌所占比例逐渐增大,其他菌种占比逐渐减小,说明细菌较其他菌种更能适应缺氧条件,是封闭矿井地下水中的优势菌种。

4.4.3.2 半封闭条件下矿井水中微生物群落动态变化

由图4-12可以看出,在半封闭环境中,水中可培养微生物总数也呈现先增长后减小的趋势,数量在第75天达到最大值4.7×10⁴ CFU/mL,可培养细菌数量呈相同趋势。实验初始时,煤泥中富含的氮、磷、有机质等营养成分散布于水体中,异养微生物可以利用复杂的有机氮生长,自养微生物可以利用无机化合物生长,因此微生物总量逐渐增加,趋于稳定。细菌是废弃矿井地下水半封闭环境中的优势微生物种群,随时间变化,细菌所占比例逐渐增大,其他菌种占比逐渐减小。

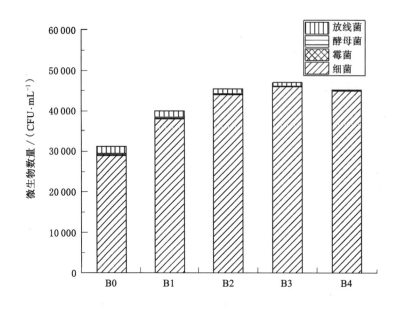

图4-12 半封闭条件下矿井水中微生物总量变化

4.4.3.3 封闭、半封闭条件下矿井水中微生物种群分布变化规律

分别将两种矿井水环境中的细菌、真菌、放线菌生长数量进行对比,结果如图4-13~图4-16所示。

由图4-13可知,在氧气相对充足的半封闭环境中,细菌数量逐渐增加,到第135天才开始减小。在完全封闭环境中,细菌总数一直小于半封闭环境,从第75天起呈现减小的趋势。这说明氧气对细菌总量影响较大,煤矿关闭后,井下环境中好氧微生物的数量逐渐减少。

如图4-14、图4-15所示,封闭、半封闭条件下,霉菌、酵母菌在矿井水中的数量均随时间逐渐减小,且完全封闭环境中两类真菌数量均小于(或等于)半封闭环境中的真菌数量,主要原因可能是有机物含量较少以及缺氧环境不利于真菌的生长,导致真菌生长受阻,引起大量死亡。

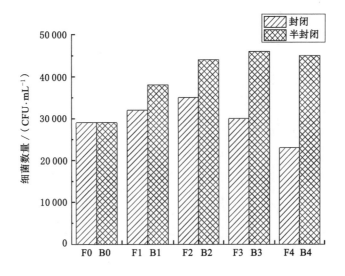

图 4-13　模拟样品中细菌数量变化

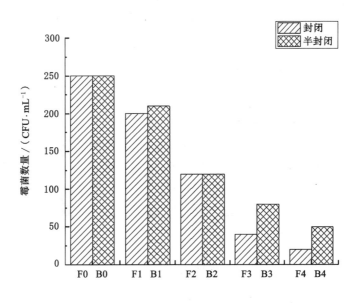

图 4-14　模拟样品中霉菌数量变化

如图 4-16 所示,放线菌数量随时间不断减小,且在完全封闭环境中数量锐减,主要是由于完全封闭条件下矿井水环境中溶解氧低,营养成分较少,放线菌不易存活。

4.4.4　细菌群落丰富度及多样性变化

本书利用高通量测序技术对封闭/半封闭条件下的样品进行细菌群落多样性分析,测序结果表明,封闭/半封闭条件下,单个样品序列数分布在 19 523~36 556,按最小序列数对样本进行抽平后,样本的覆盖率均大于 99.5%[4],且样本稀释性曲线趋于平坦,表明测序数据

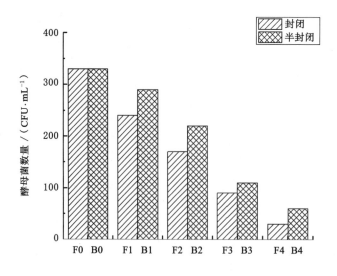

图 4-15　模拟样品中酵母菌数量变化

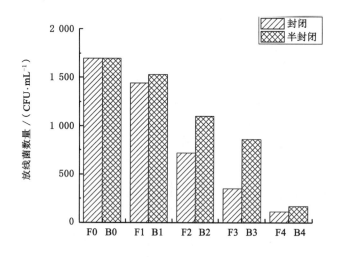

图 4-16　模拟样品中放线菌数量变化

量合理,结果能够反映细菌群落的真实情况。

在 97％的相似度水平下进行 OTU 聚类,所有样本共获得 708 类 OTU,单个样本 OTU 数量分布在 156～429 类。比较封闭/半封闭条件下样品的丰富度和多样性指数可以发现,在模拟实验初期(0～15 d),由于淹水增加了沉积物的基础呼吸[32-33],不同封闭条件下模拟反应体系中细菌群落丰富度不断增加,Chao 1 指数和 ACE 指数均增大了一倍左右,但多样性变化并不明显。之后,随着反应体系中细菌群落的不断演化,封闭和半封闭条件下模拟反应体系中细菌群落丰富度和多样性均出现不同程度的增大。实验后期(75～135 d),不同封闭条件下细菌群落的变化出现差异,封闭条件下,随着模拟反应体系中分子氧和含氧基团的不断消耗,氧化还原电位不断降低(表 4-5),由原来的好氧/缺氧条件转为缺氧/厌氧条件,系统中好氧微生物不断减少,细菌丰富度和多样性明显减小;但在半封闭条件下,模拟反应体系中被消耗的分子氧不断得到补充,细菌群落丰富度和多样性不断增加并逐渐趋于稳定,特别是细菌群落多样性有明显的提高。

4.4.5　废弃矿井微生物群落演替

根据高通量测序结果,利用 RDP Classifier 2.2 对 OTU 序列进行分类学分析,获得样本在不同分类学水平的细菌群落结构,对比研究封闭和半封闭条件下关闭矿井细菌群落的演替规律。

如附图 7 所示,在门水平上分析模拟关闭矿井细菌群落结构变化,结果表明,不同封闭条件下优势细菌门类为厚壁菌门(Firmicutes)、变形菌门(Proteobacteria)和拟杆菌门(Bacteroidetes),相对丰富度占细菌总量的 80% 以上。实验初期(0~45 d),封闭条件下模拟反应体系中仍存在残留分子氧及含氧化合物,氧化还原电位变化不明显(表 4-5),因此,体系中优势细菌门类变化较小,且与半封闭条件下细菌门类变化相似;至实验后期(75~135 d),随着封闭条件下反应体系中分子氧及含氧基团被消耗,氧化还原电位降低,对极端环境有较强适应性的厚壁菌门微生物[34-35]相对丰富度显著增加,而半封闭条件下,模拟反应体系呈好氧状态,变形菌门、拟杆菌门和绿弯菌门微生物的相对丰富度增加。这说明关闭矿井厌氧/缺氧条件下,更适宜厚壁菌门微生物的生长,而变形菌门及拟杆菌门微生物的生长受到抑制。

在属水平上分析封闭和半封闭条件下细菌群落演替规律,结果如图 4-17 所示,不同封闭条件下模拟反应体系优势菌属主要为芽孢杆菌属(Bacillus)、乳球菌属(Lactococcus)和假单胞菌属(Pseudomonas)微生物,相对丰富度占细菌总量的 60% 以上。其中,封闭条件下乳球菌属微生物在实验后期显著增加。乳球菌属微生物属于厚壁菌门,研究表明,大部分乳球菌为兼性厌氧细菌,能够在缺氧环境中生存。因此,在实验后期,封闭条件模拟反应体系由好氧环境变为缺氧/厌氧环境,好氧微生物生长受到限制,乳球菌等兼性厌氧菌丰富度不断增加。

对比不同阶段两种条件下菌属群落结构的变化,可以看出,封闭条件下,受光照及氧化还原条件的影响,环丝菌属(Brochothrix)、蓝细菌属(Cyanobacteria)、嗜冷杆菌属(Psychrobacter)和节杆菌属(Arthrobacter)微生物量显著降低,相对丰富度占比由最初的 1% 以上降低到 0.1% 以下,特别是蓝细菌属微生物,由于避光条件抑制了其生长,实验后期逐渐从反应体系中消失[36]。此外,部分好氧菌属微生物在封闭条件下也从反应体系中消失,如蛋白菌门的 Mitochondria 微生物。

半封闭条件下,对关闭矿井环境有一定适应性的一些兼性厌氧微生物及营腐生微生物开始出现且相对丰富度不断增大,如链球菌属(Streptococcus)、硝基念珠菌属(Candidatus Nitrotoga)、蛭弧菌属(Bdellovibrio)、泛菌属(Panacagrimonas)、酸性铁杆菌属(Acidiferrobacteraceae)、噬纤维菌属(Cytophagaceae)、嗜氢菌属(Hydrogenophilaceae)、红杆菌属(Rhodobacteraceae)、厌氧绳菌属(Anaerolineaceae)、亚硝基单胞菌属(Nitrosomonas)和丝孢菌属(Hyphomicrobium)等。在封闭条件下,实验初期兼性厌氧微生物相对丰富度同样不断增加;实验后期,模拟反应体系环境恶化,部分兼性厌氧菌相对丰富度开始降低,但专性厌氧微生物及环境适应性强的兼性厌氧菌增长并无明显的变化,如土芽孢杆菌属(Geoba-

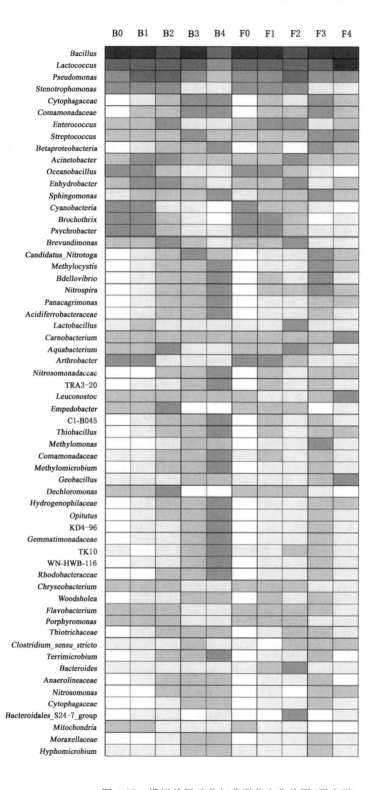

图 4-17　模拟关闭矿井细菌群落变化热图(属水平)

cillus)、链球菌属(*Streptococcus*)和明串珠菌属(*Leuconostoc*)等,菌属相对丰富度由 0.1% 数量级增加到 1% 数量级。

关闭矿井细菌群落演替过程中,厚壁菌门微生物的相对丰富度最高,主导微生物类群由好氧/兼性厌氧型逐渐演化成厌氧/兼性厌氧型,特别是在完全封闭条件下,模拟实验后期好氧细菌的生长受到限制甚至死亡,对关闭矿井环境有较强适应性的厌氧微生物逐渐丰富。

4.4.6　不同条件下物种差异性检验

为探讨不同封闭条件对关闭煤矿细菌群落演替的影响,本书在属水平上对封闭和半封闭条件下相对丰富度较高的细菌进行了差异性检验,如图 4-18 所示。

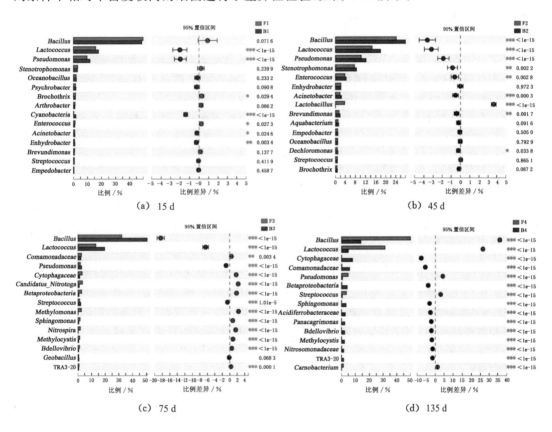

图 4-18　细菌群落差异性检验(属水平)

实验初期(0~15 d),不同封闭条件下模拟反应体系环境及理化特征差异较小,因此细菌群落演替大致呈相同的趋势,仅有小部分细菌表现出了显著的差异,如乳球菌属(*Lactococcus*)、假单胞菌属(*Pseudomonas*)和蓝细菌属(*Cyanobacteria*);15~45 d 时间段,淹水对沉积物基础呼吸的促进作用使模拟反应体系细菌群落丰富度增加[32-33],而封闭条件下随着模拟反应体系中分子氧和含氧基团的消耗,环境条件不断改变,部分细菌生长受到限制,因此,更多的菌属表现出显著的差异,包括芽孢杆菌属(*Bacillus*)、乳球菌属(*Lactococcus*)、假单胞菌属(*Pseudomonas*)、不动杆菌属(*Acinetobacter*)和乳酸杆菌属(*Lactobacillus*),绝大部分菌属在半封闭条件下丰富度更高;45~75 d 时间段,不同封闭条件下绝大部分菌属表现出显著差异性,由于封闭条件下氧和营养元素均不断被消耗,细菌群落结构不断演替,一些绝对好氧的细菌逐渐死亡,而一些兼性厌氧菌逐渐变为优势菌群,表现出更高的相对丰富度,如噬纤维菌属(*Cytophagaceae*)和β-变形菌属(*Betaproteobacteria*)等;实验后期(75~135 d),封闭和半封闭条件下几乎所有检测到的菌属均为显著差异,由于封闭条件下模拟反应体系中细菌总量和多样性相对较低,因此,对环境适应性较强的菌属相对丰富度更高,如芽孢杆菌属(*Bacillus*)和乳球菌属(*Lactococcus*)等。从差异性检验结果可以看出,在属水平上,随着模拟时间的推移,受模拟反应体系氧化还原条件和营养的影响,封闭和半封闭条件下细菌群落结构差异性越来越显著。

4.5 本章小结

煤矿井下温度、湿度、营养元素、光照等环境要素与地表环境有显著的差异,形成了独有的微生物群落结构。当煤矿关闭后,巷道淹水,原有的环境条件再次被破坏,微生物群落结构不断演化,并影响井下有机污染物的迁移转化过程。

(1)采集权台矿井下不同巷道环境微生物样本,分析细菌群落赋存特征。结果表明,煤矿井下细菌群落以变形菌门、厚壁菌门和放线菌门为主,占细菌总量的80%以上。受人类采矿活动的影响,井下细菌群落丰富度和多样性呈现区域划分,岩巷中细菌群落丰富度明显高于煤巷,但不同菌属细菌的分布往往存在差异,主要受 pH 和碳氮摩尔比的影响。

(2)通过 135 d 的模拟关闭煤矿细菌群落演替实验发现,不同封闭条件下,细菌均为优势微生物种群,丰富度远大于真菌和放线菌。在半封闭条件下,细菌群落丰富度随时间不断增大并趋于稳定,主要细菌由实验初期的厚壁菌门微生物逐渐变为变形菌门微生物。而在封闭条件下,受氧化还原条件的影响,细菌群落丰富度呈先增加后减小的变化趋势,对环境适应性较强的厚壁菌门微生物占主导地位,细菌类型由实验初期的好氧/兼性厌氧菌为主逐渐变为厌氧/兼性厌氧菌为主,部分绝对好氧微生物(如 *Mitochondria*)在实验后期逐渐消失。受氧化还原条件和营养的影响,封闭和半封闭条件下细菌群落差异随时间变得越来越显著。

参考文献

[1] RAUDSEPP M J,GAGEN E J,EVANS P,et al.The influence of hydrogeological disturbance and mining on coal seam microbial communities[J].Geobiology,2016,14(2):163-175.

[2] LEUKO S,KOSKINEN K,SANNA L,et al.The influence of human exploration on the microbial community structure and ammonia oxidizing potential of the Su Bentu limestone cave in Sardinia,Italy[J].Plos one,2017,12(7):e0180700.

[3] XIONG J B,LIU Y Q,LIN X G,et al.Geographic distance and pH drive bacterial distribution in alkaline lake sediments across Tibetan Plateau[J].Environmental microbiology,2012,14(9):2457-2466.

[4] GOOD J I.The population frequencies of species and the estimation of population parameters[J].Biometrika,1953,40(3/4):237-264.

[5] 张静.刺槐对黄土丘陵区土壤微生物多样性和群落结构的影响[D].西安:中国科学院大学(中国科学院教育部水土保持与生态环境研究中心),2018.

[6] THEUNISSEN H J,LEMMENS-DEN T N A,BURGGRAAF A,et al.Influence of temperature and relative humidity on the survival of Chlamydia pneumoniae in aerosols[J].Applied and environmental microbiology,1993,59(8):2589-2593.

[7] RINNAN R,MICHELSEN A,BÅÅTH E.Long-term warming of a subarctic heath decreases soil bacterial community growth but has no effects on its temperature adaptation[J].Applied soil ecology,2011,47(3):217-220.

[8] MAIENZA A,BÅÅTH E.Temperature effects on recovery time of bacterial growth after rewetting dry soil[J].Microbial ecology,2014,68(4):818-821.

[9] SUN Y J,LU S D,ZHAO X H,et al.Long-term oil pollution and *in situ* microbial response of groundwater in Northwest China [J]. Archives of environmental contamination and toxicology,2017,72(4):519-529.

[10] MADIGAN M T,MARTINKO J,PARKER J.Brock biology of microorganisms [M].11th ed.New Jersey:Prentice Hall,2006.

[11] 宋兆齐,王莉,刘秀花,等.云南 4 处酸性热泉中的变形菌门细菌多样性[J].河南农业大学学报,2016,50(3):376-382.

[12] 张婷.基于 MBR 反应器短程硝化工艺快速启动的研究[D].苏州:苏州科技大学,2018.

[13] 张晶,林先贵,刘魏魏,等.土壤微生物群落对多环芳烃污染土壤生物修复过程的响应[J].环境科学,2012,33(8):2825-2831.

[14] 田江.微生物降解农药的特性及其在土壤复合农药污染修复中的应用[D].武汉:武汉大学,2017.

[15] PENG X,ADACHI K,CHEN C,et al.Discovery of a marine bacterium producing 4-hydroxybenzoate and its alkyl esters,parabens [J]. Applied and environmental microbiology,2006,72(8):5556-5561.

[16] BODINE P V N,KOMM B S.Evidence that conditionally immortalized human osteoblasts express an osteocalcin receptor[J].Bone,1999,25(5):535-543.

[17] BRÜGGEMANN H,GOTTSCHALK G.Clostridia:molecular biology in the post-genomic era [M].Norfolk,United Kingdom:Caister Academic Press,2009.

[18] 王明清,张初署,于丽娜,等.降解黄曲霉毒素 B₁ 芽孢杆菌的筛选与鉴定[J].山东农业科学,2018,50(11):71-75.

[19] 吴晓晖,谢永丽,陈兰,等.耐盐、低温适生芽孢杆菌 TS1、TS3 的拮抗及降解纤维素活性分析[J].江苏农业科学,2018,46(19):277-281.

[20] 周伟,陈轩,龙云川,等.茂兰自然保护区土壤放线菌多样性及生境分布[J].贵州科学,2018,36(4):11-15.

[21] 任敏.塔里木盆地微生物群落结构及其在碳氮元素循环中的作用[D].武汉:华中农业大学,2018.

[22] 金方,刘涛华,牟丽丽,等.贵州地区土壤中需氧放线菌的分离鉴定[J].贵州农业科学,2015,43(3):114-117.

[23] 曹琳辉.银山铅锌矿酸性矿坑水微生物群落结构分析[D].长沙:中南大学,2007.

[24] WANG L,HUANG X,ZHENG T L.Responses of bacterial and archaeal communities to nitrate stimulation after oil pollution in mangrove sediment revealed by illumina sequencing[J].Marine pollution bulletin,2016,109(1):281-289.

[25] MASON O U,SCOTT N M,GONZALEZ A,et al.Metagenomics reveals sediment microbial community response to deepwater horizon oil spill[J].The ISME journal,2014,8(7):1464-1475.

[26] THOMPSON K J,SIMISTER R L,HAHN A S,et al.Nutrient acquisition and the metabolic potential of photoferrotrophic chlorobi[J].Frontiers in microbiology,2017,8:1212.

[27] SINHA R P,KLISCH M,GRÖNIGER A,et al.Responses of aquatic algae and cyanobacteria to solar UV-B[J].Plant ecology,2001,154(1/2):219-236.

[28] 姜红霞,吴亚生,蔡春芳.重庆老龙洞二叠系-三叠系界线地层中的管状蓝细菌化石及其意义[J].科学通报,2008,53(7):807-814.

[29] HOLLISTER E B,ENGLEDOW A S,HAMMETT A J M,et al.Shifts in microbial community structure along an ecological gradient of hypersaline soils and sediments[J].Isme journal,2010,4(6):829-838.

[30] DJURHUUS A,READ J F,ROGERS A D.The spatial distribution of particulate organic carbon and microorganisms on seamounts of the South West Indian Ridge[J].Deep sea research part Ⅱ:topical studies in oceanography,2017,136:73-84.

[31] SHEN J P,ZHANG L M,GUO J F,et al.Impact of long-term fertilization practices on the abundance and composition of soil bacterial communities in Northeast China[J].Applied soil ecology,2010,46(1):119-124.

[32] CURIEL Y J,BALDOCCHI D D,GERSHENSON A,et al.Microbial soil respiration and its dependency on carbon inputs,soil temperature and moisture[J].Global change biology,2007,13(9):2018-2035.

[33] WANG J,CHAPMAN S J,YAO H Y.The effect of storage on microbial activity and bacterial community structure of drained and flooded paddy soil[J].Journal of soils and sediments,2015,15(4):880-889.

[34] FILIPPIDOU S,WUNDERLIN T,JUNIER T,et al.A combination of extreme environmental conditions favor the prevalence of endospore-forming firmicutes[J].Frontiers in microbiology,2016,7:1707-1717.

[35] GALES G,CHEHIDER N,JOULIAN C,et al.Characterization of halanaerocella petrolearia gen.nov.,sp.nov.,a new anaerobic moderately halophilic fermentative bacterium isolated from a deep subsurface hypersaline oil reservoir[J].Extremophiles,2011,15(5):565-571.

[36] MONTECHIARO F,GIORDANO M.Effect of prolonged dark incubation on pigments and photosynthesis of the cave-dwelling cyanobacterium Phormidium autumnale (Oscillatoriales,Cyanobacteria)[J].Phycologia,2006,45(6):704-710.

第5章　专性混合菌群对矿井水中多环芳烃的降解实验

多环芳烃是环境中有机污染物的重要组成部分之一,广泛分布于河流[1]、湖泊[2]、海洋[3]及地下水中[4]。其中,菲是存在最为广泛的多环芳烃之一,具有溶解度低、易挥发、辛醇-水分配系数较高等特点,菲结构式中同时具有 K 区和湾区,这种结构与多环芳烃的致癌性紧密相关[5],因此菲常被作为模式化合物进行研究。多环芳烃在环境中的迁移转化途径包括挥发、光氧化、化学氧化、生物积累、土壤吸附、过滤作用及生物降解等,而在井下特殊环境中,主要以生物降解为主。从模拟闭矿条件下细菌群落变化实验可以看出,煤矿关闭过程中,井下环境不断变化,巷道淹水,体系中分子氧不断被消耗,由好氧条件逐渐变为缺氧/厌氧条件,主要菌群类型也由好氧菌逐渐变为厌氧/兼性厌氧菌,多环芳烃的降解也存在一定差异,因此,本书以菲为目标污染物,筛选降解菌群,分析煤矿关闭初期菲的降解变化规律及主要菌群的演化特征。

5.1　专性混合菌群的筛选与鉴定

5.1.1　菌种来源

专性混合菌群筛选所用环境样品主要采自徐州贾汪矿区权台煤矿井下,选取不同功能巷道,采集巷道中沉积物、煤等,在 4 ℃温度条件下运回实验室,均匀混合后备用。

5.1.2　实验主要设备与材料

实验用菲固体标准品购自北京仪化通标科技有限公司,纯度大于 99％。萃取用正己烷(分析纯)购自天津市科密欧化学试剂有限公司。其余常规药品均为分析纯,购自国药集团化学试剂有限公司。

实验用主要设备如表 5-1 所列。

表 5-1　实验用主要设备

仪器名称	仪器型号	生产厂家
高速冷冻离心机	Mikro 220R	德国 Hettich 公司
离心机	LD5-2B	北京京立离心机有限公司
显微镜	—	上海蔡康光学仪器有限公司
可见分光光度计	722	舜宇光学科技(集团)有限公司
紫外可见分光光度计	SP-756P	上海光谱仪器有限公司
pH 计	IS126	上海仪迈仪器科技有限公司

表 5-1(续)

仪器名称	仪器型号	生产厂家
立式自动压力蒸汽灭菌器	G180T	致微(厦门)仪器有限公司
超净工作台	SW-CJ-2F	苏州安泰空气技术有限公司
恒温振荡培养箱	LRH-250-G	韶关市泰宏医疗器械有限公司
调速多用振荡器	HY-5A	常州诺基仪器有限公司
电热恒温鼓风干燥箱	DHG-9246A	上海精宏实验设备有限公司
气相色谱质谱联用 GC-MS	240-MS	安捷伦科技有限公司
涡旋混匀器	HYQ-3110	美国晶钻仪器公司

实验用无机盐培养基、脱酚菌分离培养基、LB 培养基成分见表 5-2。

表 5-2　主要培养基成分表

分类	试剂	添加量	备注
无机盐培养基	K_2HPO_4	1.0 g	(1) 配制完成后利用 1 mol/L 盐酸、1 mol/L 氢氧化钠调节培养基至中性; (2) 固体培养基加入 20 g/L 琼脂粉
	KH_2PO_4	1.0 g	
	NH_4Cl	1.5 g	
	KNO_3	0.01 g	
	$CaCl_2$	0.015 g	
	$MgSO_4$	0.1 g	
	$MnSO_4 \cdot H_2O$	5 mg	
	$FeSO_4 \cdot 7H_2O$	5 mg	
	$ZnSO_4 \cdot 7H_2O$	5 mg	
	$CuSO_4 \cdot 5H_2O$	0.5 mg	
	Na_3BO_3	0.1 mg	
	去离子水	1 L	
脱酚菌分离培养基	蛋白胨	0.5 g	
	K_2HPO_4	0.1 g	
	$MgSO_4 \cdot 7H_2O$	0.1 g	
	去离子水	1 L	
LB 培养基	胰蛋白胨	10.0 g	
	酵母粉	5 g	
	NaCl	10 g	
	去离子水	1 L	

5.1.3 专性降解菌的驯化和筛选

为模拟研究煤矿关闭初期环境变化过程中菲的降解规律,设计了 3 种模拟条件,从环境样品中驯化并筛选菲的专性降解菌群,包括:① 以菲作为单一底物进行驯化,记为 F-1;② 以菲降解的主要中间产物邻苯二酚作为单一底物进行驯化,记为 F-2;③ 以菲和邻苯二酚作为混合底物进行驯化,记为 F-3。

　　称取 2.5 g 井下环境样品混合物,置于 250 mL 具塞三角瓶中,加入 150 mL 高压灭菌后的无机盐培养基,定量加入以丙酮促溶的目标污染物中,摇匀振荡 30 min 去除丙酮,在(30±2) ℃条件下振荡培养(摇床转速 160 r/min),每个样品设置两个平行样。

　　逐渐增加菲浓度,连续驯化培养,驯化周期内底物浓度梯度变化见表 5-3。

表 5-3　污染物浓度梯度变化

菌群	碳源	浓度梯度/(mg·L⁻¹)				
		5 d	10 d	15 d	20 d	30 d
F-1	菲	10	20	30	40	50
F-2	邻苯二酚	250	500	1 000	1 500	2 000
F-3	菲＋邻苯二酚	10＋100	20＋200	30＋300	40＋400	50＋500

5.1.4　专性降解菌群的生长情况

　　取 9 mL LB 培养基分别装入 32 支试管中,每个点设 2 个平行样、1 个空白样,放入高温灭菌锅于 121 ℃下灭菌 20 min,待培养液冷却至室温在超净工作台下分别在试管中加入 1 mL OD_{600}＝0.1 菌种液。将试管放入恒温培养箱中于 30 ℃、150 r/min 条件下振荡培养,在振荡培养过程中分别于 2 h、4 h、6 h、10 h、14 h、18 h、22 h、26 h 测菌液 OD_{600} 值,以时间及菌液 OD_{600} 值绘制菌生长曲线。

　　根据图 5-1 菌群生长曲线,F-1、F-2 与 F-3 菌群在初始阶段均呈现快速生长趋势,在 5 h 后生长速率减缓,在约第 20 小时时生长速率再次减慢,进入稳定期,因此后续实验选取第 16 小时的菌液为菌悬液,此时降解菌处于对数增长期,活性最强,降解效果最好。

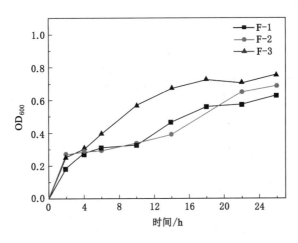

图 5-1　菌群生长曲线

　　废弃矿井水中的阳离子主要以 Na^+、Ca^{2+}、Mg^{2+} 为主,阴离子主要以 SO_4^{2-}、Cl^-、CO_3^{2-} 为主。模拟废弃矿井的水环境,取模拟矿井水样(溶解性总固体 TDS 约为 3 000 mg/L,每升水中约含 Na_2SO_4 1.2 g,$NaHCO_3$ 0.5 g,$CaCl_2$ 0.5 g,$MgSO_4$ 0.6 g,Na_2CO_3 0.05 g,K_2SO_4 0.06 g,$FeSO_4$ 0.02 g,KNO_3 0.02 g)50 mL,注入 50 mL 的棕色厌氧瓶中,加入0.5 mL的

5 g/L 的菲/丙酮溶液,在无菌操作台下静置 30 min 待丙酮完全挥发,取 LB 培养基培养 16 h 后菌液,离心浓缩并用生理盐水稀释制成 $OD_{600}=1.0$ 的菌悬液,取 1 mL 菌悬液加入棕色瓶中,旋紧瓶塞模拟矿井关闭过程,研究 F-1、F-2、F-3 菌群在模拟煤矿关闭过程中的生长状况,每个样品设置 2 个平行样,实验周期为 25 d。

如表 5-4 所列,25 d 后菌群 F-1、F-2 与 F-3 对各污染物的降解率分别为 84.0%、98.4% 和 74.6%,对污染物均有良好的降解效果。其中 F-2 和 F-3 在生长过程中均有菌丝球形成,如图 5-2 所示。

表 5-4 菌群对污染物的降解

菌群	OD_{600}	降解率/%
F-1	1.594	84.0
F-2	—	98.4
F-3	0.827	74.6

(a) F-1 　　　　　　(b) F-2 　　　　　　(c) F-3

图 5-2　25 d 内 F-1、F-2 与 F-3 对污染物的降解

5.2　不同条件下菲的生物降解规律

5.2.1　菲标准曲线及去除率计算

配制浓度为 0、5 mg/L、10 mg/L、15 mg/L、20 mg/L、25 mg/L 的菲/正己烷溶液,用紫外分光光度计在波长 290 nm 处测其吸光值,绘制菲浓度标准曲线(图 5-3),可以看出,菲浓度和 290 nm 吸光度呈显著正相关。

将模拟降解实验样品以 50 mL 正己烷等比萃取,290 nm 条件下测定萃取液吸光度,对照菲标准曲线计算培养基中残留菲浓度,根据下式计算菲去除率(η),并绘制菲降解率变化曲线:

$$\eta = \frac{c_0 - c_t}{c_0} \times 100\% \tag{5-1}$$

式中,c_0 表示空白组培养基中菲浓度;c_t 表示实验组培养基中菲浓度。

5.2.2　TDS 对菌群降解菲的影响

TDS 的变化主要影响微生物生存环境的渗透压,渗透压高于微生物生存条件则会抑制

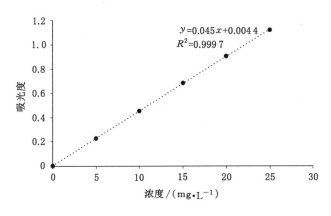

图 5-3　菲浓度标准曲线

微生物对物质的吸收,甚至导致细胞脱水死亡。同时,某些盐类进入微生物内部后,与细胞膜发生作用使微生物中毒死亡,降低了有机物的可生物降解性。不同地区矿井水受地质条件影响,盐度变化从几百至几千不等,范围较大,因此,探讨不同盐度下微生物菌群对多环芳烃去除具有重要意义[6]。

为了研究 TDS 对菌群降解菲的影响,根据矿井水中 TDS 的实际情况,等比配制 TDS 为 1 000 mg/L、2 000 mg/L、3 000 mg/L 和 5 000 mg/L 的液体培养基,取 50 mL 灭菌后的液体培养基注入棕色旋塞玻璃瓶中,加入 0.5 mL 的 5 g/L 的菲/丙酮溶液,在无菌操作台下静置 30 min 待丙酮完全挥发,将菌群 F-1、F-2 及 F-3 培养制成 $OD_{600}=1.0$ 左右的菌悬液,分别取 1 mL 菌悬液加入棕色瓶中,旋紧瓶塞,于 30 ℃、160 r/min 条件下避光培养,分别于实验开始的第 5 天、第 10 天、第 15 天、第 20 天、第 25 天取样,以正己烷进行等比萃取,测定溶液中菲的含量。每组设置 3 个平行样,空白对照组加入 1 mL 灭菌后菌悬液,其余条件相同。

由图 5-4 不同专性降解菌群对菲的降解情况可以看出,水中 TDS 含量对菌群的生长均有一定的影响,其中 TDS 偏低或者偏高对菌群生长的稳定性均存在显著影响,表现为降解率随时间的波动性变化,造成这种波动的主要原因包括:① 在降解过程中,部分对 TDS 浓度较为敏感的菌属死亡,导致该菌属吸附的菲再次释放进入水中,使降解率降低[6];② 随着环境中菲等碳源的不断消耗,不同菌属间的竞争压力增大,降解菌生长受到抑制,去除率减慢;③ 中间产物对部分菌属有毒害作用,使部分降解菌生长受到抑制甚至死亡。对比不同菌群对菲的去除率随 TDS 变化情况可以看出,混合底物筛选的 F-3 菌群对水中 TDS 的适应性更强,降解过程中曲线的变化相对稳定。

综合 3 个菌群在不同 TDS 下对菲的去除率可以看出,F-3 菌群对 TDS 的升高有更好的适应性,F-2 菌群在较低 TDS 的环境条件下降解效果较好,F-1 对于 TDS 的变化较为敏感。如图 5-5 所示,从 25 d 后不同 TDS 条件下菲的去除率可以看出,高 TDS 条件下,由混合底物筛选的 F-3 菌群对菲的降解有明显的优势,在实际降解过程中,菲的降解往往是多种降解菌共同作用的结果,混合底物筛选能够更快速地完成菲的完全降解过程,使得降解更稳定,效果更好,对极端环境的适应性也更高。

菌群在不同条件下降解菲的过程中,菲去除率均在不同时段出现峰值,可能是由于初始时菌群以菲为唯一碳源与能源,后随着降解的进行中间产物逐渐增多,不同细菌间的竞争抑制作

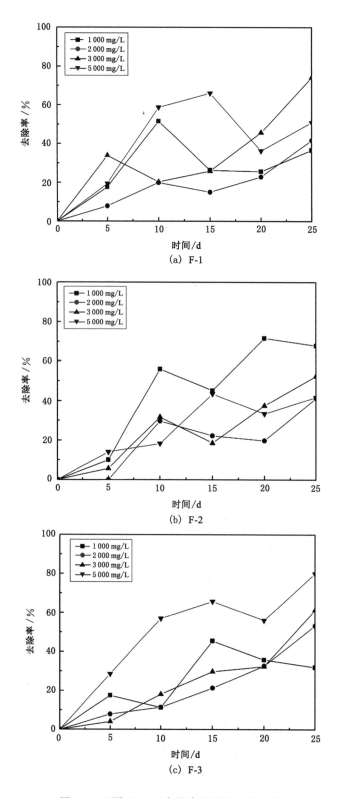

(a) F-1

(b) F-2

(c) F-3

图 5-4 不同 TDS 下专性降解菌群对菲的降解

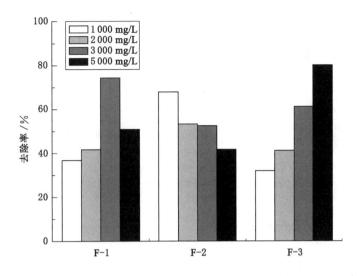

图 5-5　不同菌群在不同 TDS 下对菲的降解

用使能够降解菲的菌株难以保持优势地位从而使得菲的降解率下降[7]。此外,研究表明细菌能够吸收大量 PAHs,但不会在短时间内降解[8-10],这些被细菌吸附的菲会在细菌死亡后重新释放,进入水环境中,从而导致菲去除率降低。此时,能够降解中间产物的降解菌群占据一定优势并迅速生长,随着中间产物不断被消耗,部分降解中间产物的细菌生长受到抑制,菲降解菌再次占据主导地位,导致去除率曲线呈现波动上升趋势。

5.2.3　pH 对菌群降解菲的影响

pH 不仅能够影响污染物的水溶性,还能够影响细胞对胞外化合物的转运能力,即 pH 可以通过影响微生物的酶活性进而控制反应速率,甚至在极端的条件下杀死微生物,因此,pH 的变化会影响微生物群落的活性及降解效率。

为了研究 pH 对菌群降解的影响,在固定 TDS＝3 000 mg/L 条件下配制无机盐培养基,利用 1 mol/L 硫酸/氢氧化钠调节培养基 pH 分别为 5.0、7.0 和 9.0,取 50 mL 灭菌后的液体培养基注入棕色旋塞玻璃瓶中,加入 0.5 mL 的 5 g/L 的菲/丙酮溶液,在无菌操作台下静置 30 min 待丙酮完全挥发,将菌群 F-1、F-2 及 F-3 培养制成 $OD_{600}＝1.0$ 左右的菌悬液,分别取 1 mL 菌悬液加入棕色瓶中,旋紧瓶塞,于 30 ℃、160 r/min 条件下避光培养,分别于实验开始的第 5 天、第 10 天、第 15 天、第 20 天、第 25 天取样,以正己烷进行等比萃取,测定溶液中菲的含量。每组设置 3 个平行样,空白对照组加入 1 mL 灭菌后菌悬液,其余条件相同。

不同 pH 条件下菌群对菲的降解如图 5-6 所示,从图中可以看出,F-3 菌群对 pH 变化的适应性更好,降解效率相对稳定,而 F-1 菌群则受溶液 pH 的影响较为显著,而且中性和弱碱性环境条件下菲的去除效率明显高于酸性环境条件,特别是 F-1 菌群,在弱碱性条件下菲的最高去除率可达 97%。形成这种现象的原因可能是:① 筛选的菌群中耐碱菌种类较多,如假单胞菌属、潘德拉菌属、芽孢杆菌属、根瘤菌属等对弱碱性环境的适应性较好;② 降解过程中产生的邻苯二甲酸、苯酚及脂肪酸类物质与溶液中的 OH^- 发生反应,促进了反应的进行。

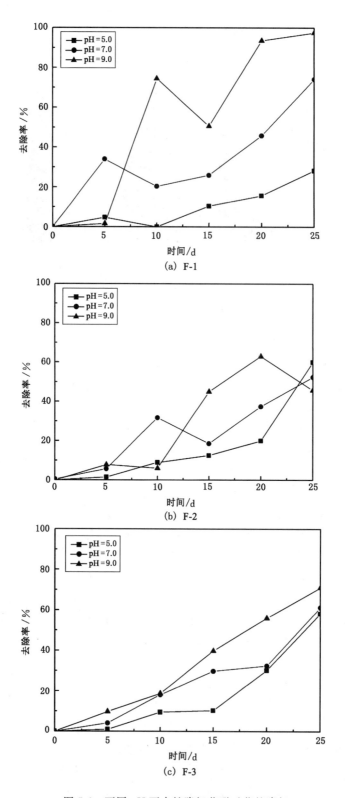

(a) F-1

(b) F-2

(c) F-3

图 5-6 不同 pH 下专性降解菌群对菲的降解

由图 5-7 可知,随 pH 的升高,以菲为单一底物筛选出的菌属 F-1 的降解效果越来越好,在弱碱条件下降解率最高;以邻苯二酚为单一底物筛选出来的菌属 F-2 的降解趋势与 F-1 恰好相反,随 pH 的升高降解率降低;以菲-邻苯二酚为混合底物筛选出的 F-3 菌群对 pH 的变化有更好的适应能力,不同 pH 条件下降解效率相对稳定。

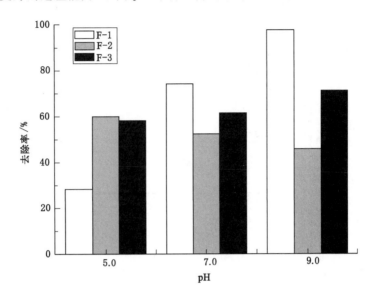

图 5-7　不同菌群在不同 pH 下对菲的降解

5.2.4　温度对菌群降解菲的影响

温度对微生物的新陈代谢起着重要作用,主要通过影响微生物的细胞结构及核酸、蛋白质等大分子结构、功能影响微生物对污染物的利用。温度高于或低于生物生长最适温度均可导致微生物活性降低,抑制生物酶活性进而降低生物修复能力[11]。此外,对于多环芳烃而言,多环芳烃的疏水性是限制其降解的主要原因之一,温度影响多环芳烃在水中的溶解度,进而影响微生物对多环芳烃的降解。

为了研究温度对菌群降解菲的影响,固定在 TDS＝3 000 mg/L、pH 为 7.0 条件下配制无机盐培养基,取 50 mL 灭菌后的液体培养基注入棕色旋塞玻璃瓶中,加入 0.5 mL 的 5 g/L 的菲/丙酮溶液,在无菌操作台下静置 30 min 待丙酮完全挥发,将菌群 F-1、F-2 及 F-3 培养制成 $OD_{600}＝1.0$ 左右的菌悬液,分别取 1 mL 菌悬液加入棕色瓶中,旋紧瓶塞,分别于 20 ℃、30 ℃和 40 ℃,在 160 r/min 条件下避光培养,于实验开始的第 5 天、第 10 天、第 15 天、第 20 天、第 25 天取样,以正己烷进行等比萃取,测定溶液中菲的含量。每组设置 3 个平行样,空白对照组加入 1 mL 灭菌后菌悬液,其余条件相同。

由图 5-8 可以看出,温度对 F-2 菌群降解菲有较大影响,在 $T＝20$ ℃条件下 F-2 菌群对菲的降解率最低,培养 25 d 后降解率为 20％;当 $T＝30$ ℃时 F-2 对菲的降解率达到 53％,相较于 $T＝20$ ℃降解率提升了 33 个百分点;温度继续升高,当 $T＝40$ ℃时 F-2 对菲的降解率为 69％。在 40 ℃时,F-2 菌群对菲的降解率变化曲线呈现指数增长,说明部分菌属经过竞争作用优势降解菌群迅速生长,加快了对菲的降解,同时温度的升高促进了菲的溶解,进而提高了菲的可利用性,使降解能够快速完成。F-1 菌群对菲的降解受温度影响明显,特别

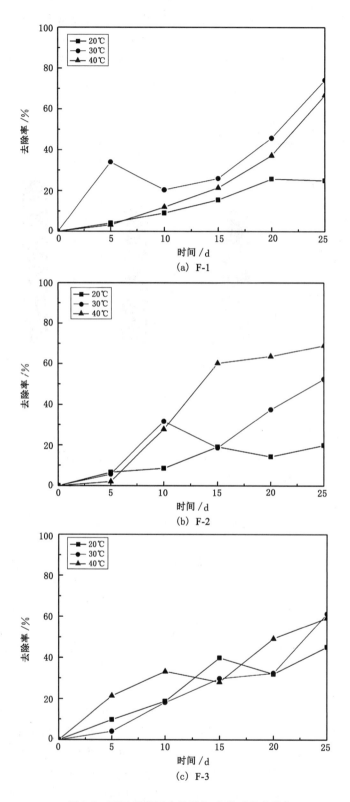

图 5-8 不同温度下专性降解菌群对菲的降解

是低温条件下,菌群活性受到抑制,20 d 后反应体系中菲几乎不再降解;而 40 ℃条件下,实验第 5 天开始,由于温度提高增加了酶活性,同时促进了菲的溶解传质,导致菲降解速率增加。F-3 菌群对菲的降解率随温度升高变化不大,整体呈现持续缓慢上升趋势,在 25 d 时,F-3 菌群在 20 ℃、30 ℃和 40 ℃温度下对菲的降解率分别为 45.13%、61.25%和 59.24%,表明菌群共代谢效应,不仅在代谢过程中存在一定的互补,还能够增强菌群对环境的适应能力[12]。

　　由图 5-9 可以看出,在 20 ℃时,F-3 菌群对菲的降解率最高,30 ℃时 F-1 菌群降解效果最好,40 ℃时 F-2 菌群对菲的去除效果最好。比较 3 个菌群随温度变化的降解趋势可看出,F-3菌群对温度变化的适应能力较强,F-1、F-2 菌群降解效率随温度的改变有明显波动,说明单一底物筛选的菌群对环境的适应性较差。

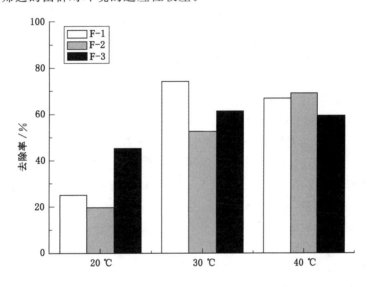

图 5-9　不同菌群在不同温度下对菲的降解

　　总体来看,TDS、pH、温度的变化均对某些菌属有明显的抑制或毒害作用。一般情况下,环境中多环芳烃对微生物具有一定的毒害作用。部分微生物不能直接利用多环芳烃作为碳源,同时多环芳烃对细菌有一定的毒性效应,加上环境条件的不断变化,导致部分细菌死亡,被细菌吸附或吸收的多环芳烃随着细菌的死亡重新释放到环境中,使多环芳烃浓度逐渐回升,去除率出现波动变化;之后,对环境适应性较强的多环芳烃降解菌重新利用释放出的多环芳烃,使多环芳烃去除率继续增加。不少研究指出简单有机物的添加能够促进复杂有机物的降解[13],降解过程中产生的某些中间产物如适当浓度的邻苯二酚能够促进高分子量多环芳烃的降解,但浓度持续升高也会引起竞争抑制[14]。另外,降解过程中的中间产物如醌(如对苯醌、菲醌、萘醌、苯醌)等物质是一种氧化还原介体,在氧化还原反应中可作为电子载体降低总反应的活化能且能够促进电子的传递从而加速反应进行。所以菌群对于多环芳烃的去除整条曲线呈波浪式上升[15]。以邻苯二酚＋菲为底物筛选出的菌群 F-3 对于环境条件的改变有较强的适应能力,不能直接利用菲为唯一碳源的菌属通过利用降解中间产物或与其他微生物共代谢作用获得能源,提高了菌群的生物多样性及稳定性。也有研究指出在环境中存在不止一种碳源时,能够提高生物的酶活性,提高非生长基质的利用率[16-17]。

5.3 菲降解过程中专性混合菌群结构演替规律

微生物对环境的变化具有一定的适应能力,环境的改变必然会引起群落组成的改变。矿井关闭后,环境逐渐由开放向封闭或半封闭环境转变,在此过程中微生物群落的组成也必然发生一定的演替,好氧菌群逐渐丧失优势地位,厌氧菌及兼性厌氧菌逐渐占据主体地位。本节选取对环境适应能力较强的专性混合菌群 F-3 为研究对象,实验室模拟煤矿关闭初期井下环境,以菲作为唯一碳源,研究 25 d 内专性混合菌群的演替,探讨不同环境因素对微生物群落演替及其降解效率的影响。

将模拟实验初始样品、第 5 天样品和第 25 天样品在无菌条件下离心,去除上清液获得菌体,由上海美吉生物医药科技有限公司进行生物多样性分析。分析方法见 4.1.2 节。

5.3.1 不同 TDS 条件下专性混合菌群结构演替规律

5.3.1.1 菌群丰富度及多样性变化

将实验初始样品记作 M0;TDS=1 000 mg/L 条件下第 5 天及第 25 天样品分别记为 MS_1、MS_2;TDS=3 000 mg/L 条件下第 5 天及第 25 天样品分别记为 MS_3、MS_4;TDS=5 000 mg/L 条件下第 5 天及第 25 天样品分别记为 MS_5、MS_6。

对 7 个样品进行测序分析,总共获得 302 101 个优化序列,7 个样品共获得 407 个 OTU。在 97% 相似水平下进行 OTU 聚类,对 OTU 进行分类学分析,门类有 17 个,属有 261 种。对所得序列进行 α 多样性分析,包括 Chao1、ACE、Shannon、Simpson 指数,由表 5-5 看出数据覆盖率均高于 99%,在 TDS 低于 3 000 mg/L 条件下,ACE、Chao1 指数均随时间的增长而减小,而 Shannon 指数相对稳定,说明物种丰富度降低,但多样性变化不大;在 TDS 高于 5 000 mg/L 环境下,ACE、Chao1 指数均相对稳定,而 Shannon 指数随时间增长而减小,说明物种丰富度升高但生物多样性降低,出现了优势菌群的富集。

表 5-5 F-3 在不同 TDS 下的细菌多样性分析(97% 相似水平下)

样品编号	有效序列/条	Sobs	Shannon	Simpson	ACE	Chao1	覆盖率/%
M0	39 757	304	0.62	0.82	424	399	99.65
MS_1	37 734	84	1.43	0.35	171	132	99.90
MS_2	54 778	54	1.44	0.38	71	62	99.96
MS_3	34 566	31	0.65	0.62	35	33	99.98
MS_4	57 324	37	0.64	0.63	41	40	99.98
MS_5	39 147	42	2.21	0.15	54	57	99.97
MS_6	38 795	26	1.50	0.27	60	47	99.98

5.3.1.2 细菌群落组成及演替规律

由附图 8 可以看出,模拟实验初期,群落的组成主要以 *Bacillus* 为主,占 95.44%,其余菌属占比均未超过 1%。

当 TDS=1 000 mg/L 时,5 d 后优势菌属为 *Pseudomonas*,占据总菌属的 63.75%,其余菌

属有 *Bacillus*（9.88%）、*Deinococcus*（19.38%）、*Stenotrophomonas*（1.57%）、*Rhodococcus*（2.38%）；25 d 后随瓶内氧气的消耗以及菲的降解，优势菌属为 *Pseudomonas*，占98%。

在 TDS=3 000 mg/L 的环境下，5 d 后菌属组成以 *Stenotrophomonas*（30.86%）为主，其余含量超过 10% 的菌属有 *Acinetobacter*（17.75%）、*Bacillus*（14.79%）、*Rhizobium*（13%）、*Pandoraea*（11.65%）；25 d 后菌属的组成以 *Pseudomonas* 为主，占总量的 98.10%。

当 TDS=5 000 mg/L 时，5 d 后菌属组成主要为 *Pseudomonas*（33.25%）、*Rhizobium*（32.75%）、*Methyloversatilis*（31.17%）；25 d 后优势菌属为 *Rhizobium*（52.25%）、*Pseudomonas*（25.78%），其余含量菌属主要有 *Pseudoxanthomonas*（14.16%）、*Hyphomicrobium*（1.55%）。

总体来看，TDS 对细菌群落的组成具有较大的影响。实验开始第 5 天时，不同 TDS 下菌属组成就出现明显差异。随时间推移，25 d 后在 TDS=1 000 mg/L 及 3 000 mg/L 时，菌属组成相似，而 TDS=5 000 mg/L 时群落组成多样性明显增加。

选取总丰富度前 50 的物种，以细菌属的相对丰富度大小绘制群落组成分布热图，如附图 9 所示。由图可以看出，原始菌属 M0 在不同 TDS 条件下群落菌属的分布及组成发生明显的变化，优势降解菌属形成了不同的演替规律。将样品进行层次聚类分析，M0 与 MS_3 为一支，其余为一支。其中 TDS=5 000 mg/L 的 MS_5 与 MS_6 为一支，说明群落组成更为相似；MS_2 与 MS_4 为另外一支，说明 25 d 后，TDS=1 000 mg/L 与 TDS=3 000 mg/L 的群落组成更为相似。

5.3.2　不同 pH 条件下专性混合菌群结构演替规律

5.3.2.1　菌群丰富度及多样性变化

将实验初始样品记作 M0；pH=5.0 条件下第 5 天及第 25 天样品分别记为 MP_1、MP_2；pH=7.0 条件下第 5 天及第 25 天样品分别记为 MP_3、MP_4；pH=9.0 条件下第 5 天及第 25 天样品分别记为 MP_5、MP_6。

7 个样本测序得有效序列数 324 530 条，样本平均长度 3 074。共获得不同细菌属 362 种，分属 28 个门类，主要为 Proteobacteria、Actinobacteria、Firmicutes。在 97% 相似度的 OTU 水平下，对所得序列进行 α 多样性分析，包括 Chao1、ACE、Shannon、Simpson 指数，由表 5-6 看出数据覆盖率均高于 99%，不同 pH 条件下 ACE、Chao1 指数大多随时间的增长而降低，Shannon 指数随时间增长而减小，Simpson 指数随时间推移而增大，说明随时间推移微生物群落丰富度和多样性均降低。

表 5-6　F-3 在不同 pH 下的细菌多样性分析（97% 相似水平下）

样品编号	有效序列/条	Sobs	Shannon	Simpson	ACE	Chao1	覆盖率/%
M0	39 757	115	0.30	0.93	126	124	99.94
MP_1	73 085	328	3.29	0.07	381	381	99.78
MP_2	33 414	30	0.21	0.92	62	57	99.95
MP_3	34 566	26	1.95	0.18	80	31	99.98
MP_4	57 324	24	0.11	0.96	45	36	99.97
MP_5	44 157	30	1.66	0.25	52	66	99.97
MP_6	42 227	30	1.37	0.41	31	30	99.99

5.3.2.2 细菌群落组成及演替规律

由附图 10 可以看出，将混合菌群放入 pH＝5 的环境中，5 d 后，菌群多样性明显增加，主要菌属为 *Aeromonas*（15.30%），其余主要包括 *Pseudomonas*（11.99%）、*Enterococcus*（11.55%）、*Lactobacillus*（9.60%）；25 d 后群落组成基本没有变化，降解菌属仍以 *Bacillus* 为主，占总量的 95.84%，其余含量超过 1% 的菌属有 *Acidisoma*（2.86%）。

pH＝7 时，5 d 后群落组成发生较大变化，群落多样性明显增大，主要菌属有 *Stenotrophomonas*（30.88%）、*Acinetobacter*（17.96%）、*Bacillus*（15.11%）、*Rhizobium*（13.14%）、*Pandoraea*（11.81%），其余菌属有 *Phyllobacterium*、*Methylobacterium*、*Ochrobactrum*；25 d 后菌属组成以 *Pseudomonas*（98.21%）为主。

pH＝9 时，5 d 后群落组成主要包括 *Enterobacteriaceae*、*Pandoraea*、*Rhizobium*，分别占 36.58%、28.55%、16.56%，其余菌属主要包括 *Cupriavidus*、*Phyllobacterium*、*Dyella*、*Luteibacter*；25 d 后，*Rhizobium* 为优势菌属，占 60.01%，其次为 *Enterobacteriaceae*，占 21.11%，其余含量超过 1% 的菌属主要有 *Pandoraea*、*Stenotrophomonas*、*Phyllobacterium*、*Sphingomonas*、*Proteobacterium*、*Bacillus*。

实验开始 5 d 后，3 种环境下菌群的主要组成明显不同，多样性总体提高；25 d 后，随环境变化，不同环境下优势菌属不同，酸性条件下的优势菌属为 *Bacillus*，中性条件下为 *Pseudomonas*，碱性条件下则以 *Rhizobium* 为主。可见 pH 对微生物群落的组成有显著的影响。

如附图 11 所示，选取总丰度前 50 的物种，以细菌属的相对丰度大小绘制群落组成分布热图。由图可以看出，原始菌属 M0 在不同 pH 条件下群落菌属的分布及组成发生明显变化，生物群落丰度及多样性随时间推移逐渐降低。将样品进行层次聚类分析，MP_1 与 MP_4 菌属组成类似归为一类，其余为一类。其中 MP_5 与 MP_6 相似度最高，说明极端条件下耐受性微生物占据群落的优势地位。

5.3.3 不同温度条件下专性混合菌群结构演替规律

5.3.3.1 菌群丰度及多样性变化

将实验初始样品记作 M0；温度为 20 ℃ 条件下第 5 天及第 25 天样品分别记为 MT_1、MT_2；温度为 30 ℃ 条件下第 5 天及第 25 天样品分别记为 MT_3、MT_4；温度为 40 ℃ 条件下第 5 天及第 25 天样品分别记为 MT_5、MT_6。

对 7 个样本进行统计，总共获得了 316 214 个优化序列，序列长度 2 130～3 208，共获得 195 个 OTU，分属 18 个细菌门类，属有 133 种。在 97% 相似度的 OTU 水平下，对所得序列进行 α 多样性分析，包括 Chao1、ACE、Shannon、Simpson 指数，由表 5-7 看出数据覆盖率均高于 99%，20 ℃ 与 40 ℃ 条件下的 Simpson、Chao1、ACE 指数均随时间的推移而增大，Shannon 指数随时间推移而减小，说明细菌群落丰度增加但多样性减小，出现了菌属的富集；在 30 ℃ 条件下，Chao1、ACE 指数变化不大，Shannon 指数随时间推移而减小，说明细菌群落丰度相对稳定，但多样性减小。

表 5-7 F-3 在不同温度下的细菌多样性分析(97％相似水平下)

样品编号	有效序列/条	Sobs	Shannon	Simpson	ACE	Chao1	覆盖率/％
M0	39 757	98	0.52	0.83	106	106	99.95
MT_1	39 158	30	1.84	0.22	35	33	99.99
MT_2	58 447	50	0.70	0.61	55	59	99.97
MT_3	34 566	31	2.24	0.15	39	32	99.99
MT_4	57 324	25	0.65	0.62	34	30.6	99.98
MT_5	37 734	30	1.45	0.37	31	30	99.99
MT_6	49 228	85	0.71	0.62	90	90.5	99.96

5.3.3.2 细菌群落组成及演替规律

由附图 12 可以看出,M0 群落的组成以 *Bacillus* 为主,占 96.89％。将 M0 菌放入 $T=$ 30 ℃ 环境时,实验开始 5 d 后优势菌属为 *Stenotrophomonas*(30.66％),其次为 *Acinetobacter*(17.82％)、*Bacillus*(15.00％)、*Rhizobium*(13.04％)、*Pandoraea*(11.77％); 25 d 后优势菌属为 *Pseudomonas*(98.12％)。

$T=20$ ℃ 时,5 d 后菌群的多样性低于 $T=30$ ℃,主要优势菌属为 *Enterobacteriaceae* (34.75％)、*Pseudomonas*(25.31％),其余菌属主要包括 *Xanthobacteraceae*、*Stenotrophomonas*、*Brucella*、*Pandoraea*、*Rhodococcus* 等;25 d 后以 *Pseudomonas*(97.73％)为主。

当 $T=40$ ℃ 时,5 d 后菌属的组成以 *Pseudomonas*(63.66％)为主,其次为 *Deinococcus* (19.13％)、*Bacillus*(10.36％),其余菌属主要包括 *Rhodococcus*、*Stenotrophomonas*;25 d 后优势菌属为 *Pseudomonas*(97.51％)。

选取总丰富度前 50 的物种,以细菌属的相对丰富度大小绘制群落组成分布热图,如附图 13 所示,可以看出原始菌属 M0 在不同温度条件下群落的分布及组成变化,在实验开始 25 d 后,不同温度条件下的优势菌属均为 *Pseudomonas*。将样品进行层次聚类分析,MT_3 与 M0 组成类似归为一类,其余为一类,其中 MT_2、MT_4 与 MT_6 相似度最高,说明 25 d 后不同温度条件下菌属组成相似,即温度对 F-3 菌群的演替影响相对较小。

5.4 本章小结

本章以菲及其中间产物邻苯二酚为目标污染物,从污染的矿井污泥中筛选多环芳烃菲的优势降解菌群:F-1、F-2、F-3,模拟矿井关闭过程,探究不同条件下 3 种菌群分别对菲的降解规律;通过不同时间段的微生物群落多样性分析,研究微生物群落结构的变化,探讨优势降解菌群降解菲的主要特征。主要结果如下:

(1)模拟闭矿地下水环境中 3 个菌群对菲的降解效率:F-1 菌群在 TDS=3 000 mg/L、pH=9、$T=30$ ℃时对菲的降解率最高,在此条件下,降解率 25 d 后达到 97.6％,但 F-1 对环境变化适应性较差,对环境要求较高;F-2 菌群对 TDS 和 pH 变化的适应性较好,在 pH= 9 的条件下降解率最高可达 79.9％,但受温度影响较大,温度为 40 ℃ 时降解率最高为 69.0％;F-3 菌群在温度为 30 ℃、TDS=3 000 mg/L 时对菲的降解率为 60.7％,在酸性条件下降解率可达71.1%,在碱性条件下降解率为58.2%。总体来看F-3菌群对TDS、温度、pH的变化均有良好的适应性,不同条件下菲的降解率较为稳定。

(2) 以专性混合菌群F-3为对象,研究不同因素下细菌群落的演替规律。TDS对群落多样性的影响为:TDS=1 000 mg/L时,5 d后的菌群组成以 *Pseudomonas*、*Deinococcus*、*Bacillus* 为主,25 d后大量菌属死亡,优势菌属为 *Pseudomonas*;TDS=3 000 mg/L时,优势菌属由 *Stenotrophomonas*、*Acinetobacter*、*Bacillus*、*Rhizobium*、*Pandoraea* 逐渐变为 *Pseudomonas*;TDS=5 000 mg/L时,优势菌属由 *Pseudomonas*、*Rhizobium*、*Methyloversatilis* 逐渐变为 *Rhizobium*、*Pseudomonas*、*Pseudoxanthomonas*。pH对群落多样性的影响为:5 d后,菌群在酸性条件下的组成以 *Aeromonas*、*Pseudomonas*、*Enterococcus*、*Lactobacillus* 为主,在碱性条件下则以 *Enterobacteriaceae*、*Pandoraea* 为主;25 d后,在酸性条件下,以 *Bacillus* 为主,碱性条件下则以 *Rhizobium* 为主,同时群落多样性增加。温度对群落多样性的影响为:在模拟实验开始25 d后,不同温度条件下菌群均以 *Pseudomonas* 为主,受温度的影响相对较小。

参考文献

[1] 王泪,闫玉莲,李建,等.长江朱杨江段和沱江富顺江段鱼类体内16种多环芳烃的含量[J].水生生物学报,2013,37(2):358-366.

[2] 罗世霞.红枫湖水体和沉积物中有机污染物——多环芳烃的污染现状及源解析研究[D].贵阳:贵州师范大学,2005.

[3] 徐香.海洋环境中有机污染物降解机理及构效关系的理论研究[D].青岛:中国海洋大学,2012.

[4] 崔学慧,李炳华,陈鸿汉.太湖平原城近郊区浅层地下水中多环芳烃污染特征及污染源分析[J].环境科学,2008,29(7):1806-1810.

[5] 刘淑琴,王鹏.环境中的多环芳烃与致癌性[J].山东师大学报(自然科学版),1995,10(4):435-440.

[6] 张列霞.Zn^{2+}、Mn^{2+}/菲复合废水处理中优势菌的筛选及特性研究[D].湘潭:湘潭大学,2013.

[7] 郭阿男.煤矸石中多环芳烃对水环境的影响及淋滤实验研究[D].北京:中国地质大学(北京),2005.

[8] 陈琳.徐州地区煤及矿井水中多环芳烃的赋存特征[D].徐州:中国矿业大学,2016.

[9] 李钠.菲对水田土壤微生物基因多样性和菲降解菌多酚氧化酶、GST 酶的影响[D].杭州:浙江大学,2006.

[10] 邓蓓蓓.高矿化度矿井水的处理[J].能源与环境,2005(1):49-51.

[11] 雒晓芳,温文静,谭丽婵,等.两株芽孢杆菌对萘、菲、芘的降解特性研究[J].西北民族大学学报(自然科学版),2016,37(3):46-51.

[12] 郭亚男,王继华.菲污染土壤的微生物降解机理与微生物修复的研究[C]//2018中国环境科学学会科学技术年会论文集(2018).合肥:[s.n.],2018:367-371.

[13] 肖盟,尹向阳,马红蕾,等.多环芳烃降解菌的筛选及其降解性能的强化[J].煤炭科学技术,2018,46(9):75-80.

[14] 黄兴如,张彩文,张瑞杰,等.多环芳烃降解菌的筛选、鉴定及降解特性[J].微生物学通报,2016,43(5):965-973.

[15] 钱勇兴.假单胞菌属对染化废水中典型类持久性有机污染物的去除作用机理研究[D].杭州:浙江大学,2016.

[16] 曹晓星.多环芳烃降解菌的共代谢及其相关酶的研究[D].厦门:厦门大学,2006.

[17] 杨智.荒漠土壤石油降解菌多样性、生物学特性及低温降解机制[D].兰州:兰州理工大学,2017.

第6章 闭矿条件下多环芳烃降解菌的
筛选及降解机理

近年来,随着分子生物学技术和生物信息学的发展,微生物基因组学分析逐渐被广泛应用。通过细菌全基因组测序分析,可以获得细菌的基因信息,并通过生物信息比对,对细菌功能基因进行注释,获得相关功能基因的信息并解释其在污染物降解转化过程中所起的作用。本章通过室内实验,从煤矿环境中筛选分离出缺氧-避光条件下的多环芳烃菲的降解菌株,并通过 16S rDNA 进行菌种鉴定。同时,通过降解实验探讨了关闭煤矿缺氧-避光条件下多环芳烃降解菌的环境适应性。并利用高通量测序技术对该菌株进行了全基因组测序,对相关功能基因进行了注释,结合相关信息分析,确定该菌株在多环芳烃降解过程中的主要参与机制。

6.1 多环芳烃降解菌的筛选及鉴定

6.1.1 菌种来源

本书从徐州庞庄煤矿张小楼矿井采集煤、矸石、井下固体废弃物及井下水仓沉积物等,在 4 ℃温度条件下运回实验室,混合封装入密封容器中,室温下放置 60 d,作为菌种筛选来源备用。

6.1.2 主要试剂和实验仪器

实验用菲固体标准品购自北京仪化通标科技有限公司,纯度大于 99%。萃取用正己烷(分析纯)购自天津市科密欧化学试剂有限公司。其余常规药品均为分析纯,购自国药集团化学试剂有限公司。

实验用主要仪器设备如表 6-1 所列。

表 6-1 实验用主要仪器设备

仪器名称	仪器型号	生产厂家
紫外可见分光光度计	Cary60	美国 Agilent 公司
高压灭菌锅	G180T	美国 Zealway 公司
离心机	LD5-2B	北京京立离心机有限公司
超净工作台	SW-CJ-1D	上海力辰仪器科技有限公司
厌氧培养箱	YQX-Ⅱ	上海启前电子科技有限公司
恒温培养箱	SPX-250	北京市永光明医疗仪器有限公司

6.1.3　菲降解菌驯化及初步筛选

6.1.3.1　菲降解菌驯化

（1）称取混匀后的新鲜样品 10 g（湿重），溶于 100 mL 无菌水中，充分摇晃振荡 30 min 后静置，取上清液作为菌种液。

（2）将配制完成的液体无机盐培养基（表 6-2）通入氮气，吹脱 5～10 min 驱氧，放入棕色厌氧瓶中，瓶口放置棉线后旋紧瓶塞，于 121 ℃下高压灭菌 20 min，压力下降后取出厌氧瓶，抽出棉线并旋紧瓶塞，防止氧气溶入，置于厌氧手套培养箱中冷却备用。在厌氧培养箱（氮气环境）中取步骤（1）所制菌种液 10 mL，加入 90 mL 菲浓度为、100 mg/L 的液体培养基中（灭菌），于 100 mL 厌氧瓶中 30 ℃恒温避光厌氧培养 7 d（振荡培养，转速 150 r/min）。

（3）在厌氧培养箱（氮气环境）中取步骤（2）培养后菌液 10 mL，加入 90 mL 菲浓度为 500 mg/L 的液体培养基中，30 ℃恒温避光厌氧培养 7 d（振荡培养，转速 150 r/min）。

（4）在厌氧培养箱（氮气环境）中取步骤（3）培养后菌液 10 mL，加入 90 mL 菲浓度为 1 000 mg/L 的液体培养基中，30 ℃恒温避光厌氧培养 7 d（振荡培养，转速 150 r/min），并重复该步骤 1 次。

表 6-2　培养基成分

分类	试剂	添加量	备注
无机盐培养基	K_2HPO_4	4.0 g	
	KH_2PO_4	1.7 g	
	NH_4Cl	2.1 g	
	NaCl	3.0 g	
	$CaCl_2 \cdot H_2O$	0.1 g	（1）配制完成后利用 1 mol/L 硫酸、1 mol/L 氢氧化钠调节培养基至中性；（2）固体培养基加入 20 g/L 琼脂粉
	$MgSO_4$	0.2 g	
	$MnSO_4 \cdot H_2O$	0.05 g	
	$FeSO_4 \cdot 7H_2O$	0.01 g	
	去离子水	1 L	
LB 培养基	胰蛋白胨	10.0 g	
	酵母粉	5 g	
	NaCl	10 g	
	去离子水	1 L	

6.1.3.2　菌落分离

准确称取 0.5 g 菲溶于 100 mL 丙酮溶液中，制成 5 g/L 的菲储备液，将少量菲储备液喷涂在无机盐平板上，待丙酮完全挥发后，无机盐平板上形成一层菲薄膜，将驯化过程步骤（4）富集筛选的菌悬液作适当稀释，在无机盐平板上划线分离，于 30 ℃恒温厌氧培养箱中培养 2～4 d。挑取菌落周围形成菲降解环的菌落进行转接分离，并重复该步骤两次以纯化，获得具有菲降解效果（平板菌落周围可观察到菲降解环）的菌株，存于厌氧培养箱中备用。

6.1.4　菲优势降解菌复筛

在厌氧培养箱中挑取 5 株单菌种，分别放入 5 支含有 100 mL LB 液体培养基（成分见

表 6-2)的厌氧瓶中,于 30 ℃、150 r/min 条件下避光振荡培养 24 h,把培养液倒入无菌离心管中,在 5 000 r/min 条件下离心 5 min,倒去上清液,加入培养液继续离心,重复多次,最后用无菌生理盐水稀释菌液,用可见光分光光度计于 600 nm 处测试 OD 值,使 OD 值保持在 0.7 左右,配制成菌悬液备用。取 1 mL 菌悬液分别加入 5 支 50 mL 棕色厌氧瓶中,瓶中放有 50 mL 菲浓度为 100 mg/L 的无菌无机盐培养液。于 30 ℃、150 r/min 条件下避光振荡培养 7 d。实验设置 3 个平行样及 1 个空白对照样。

培养后混合液用等体积正己烷分 3 次萃取,于 290 nm 处测定菲浓度,测定结果如表 6-3 所列,由表可见,经过 7 d 的降解,5 种降解菌对菲的降解率分别为 98%、18%、30%、17%、39%,因此确定 5 种菌株中 P-1 为优势降解菌。

表 6-3　5 种降解菌 7 d 降解率

菌种	菲浓度/(mg·L⁻¹)				标准差 /(mg·L⁻¹)	去除率/%
	平行样 1	平行样 2	平行样 3	平均值		
空白样	98.78	99.56	100.22	99.52	0.72	—
P-1	2.44	2.56	2.44	2.48	0.06	98
P-2	81.89	81.67	80.67	81.41	0.65	19
P-3	70.33	70.67	69.22	70.07	0.76	30
P-4	81.89	83.78	83.56	83.08	1.03	17
P-5	60.44	60.11	60.78	60.44	0.33	40

6.1.5　菲降解菌形态观察

经过筛选、富集、分离、纯化、复筛等步骤,获得菲优势降解菌株 P-1。如图 6-1 所示,30 ℃缺氧-避光条件下,P-1 菌株在无机盐平板上培养 2 d 后就可看到清晰的菌落,菌落中心呈灰黄色,菌落边缘整齐,直径在 0.5～1 mm 之间;经革兰氏染色后,为革兰氏阴性菌;扫描电镜观察菌株,细胞呈杆状,大小在 0.4 μm×1.0 μm 左右,单极鞭毛。

 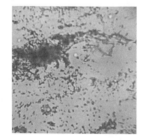 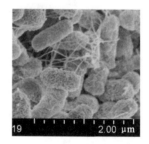

(a) P-1 菌株生长状况　　(b) 革兰氏染色图像　　(c) 扫描电镜图像

图 6-1　菲降解细菌生长情况

6.1.6　优势降解菌生长曲线

将筛选、纯化的菌体接种到含 100 mL LB 液体培养基的厌氧瓶中,于 30 ℃培养 24 h,离心去除上清液,用灭菌生理盐水稀释至 OD$_{600}$ 为 0.1,制成菌悬液。取 33 支试管,分别装入 LB 液体培养基 9 mL,在 121 ℃下灭菌 20 min,取 1 mL 菌种液装入上述试管中。将试管置于 35 ℃、150 r/min 振荡培养箱中培养,分别于 0、5 h、10 h、15 h、20 h、25 h、30 h、35 h、40 h、50 h 后取出一支试管测定 OD_{600} 值,每个样品做 3 个平行样。以 OD_{600} 为纵坐标、培养时间为横坐标,绘制生长曲线。菌株 P-1 在 LB 液体培养基中的生长曲线如图 6-2 所示。

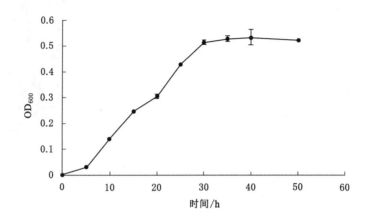

图 6-2　菌株 P-1 在 LB 液体培养基中的生长曲线

由菌株 P-1 的生长曲线可知,菌 P-1 的适应期大约为 5 h;10～30 h 为对数生长期,其间菌种数目快速增长,活性极强;30 h 后,菌体生长量增长变缓,进入稳定期。因此,实验中选取培养 20～25 h 的菌液接入含有菲的无机盐液体培养基中培养,菌体的活性较强,实验效果更好。

6.1.7　优势降解菌菌种鉴定

将多次划线分离纯化后的降解菌 P-1 富集浓缩,使用 16S rRNA 基因作为 Marker 片段,通过引物扩增出基因中 16S rRNA 序列,与 NT 数据库进行比对,获得相似序列的物种信息,借助同源比对的方法辅助判断物种信息。鉴定流程如图 6-3 所示。

将抽提得到的样品 DNA 进行 16S rRNA 扩增,在 PCR 仪(ABI GeneAmp®9700 型)上用 27F(5′-AGAGTTTGATCCTGGCTCAG-3′)和 1492R(5′-GGTTACCTTGTTACGACTT-3′)引物进行 PCR 扩增。PCR 扩增反应体系(20 μL)包括 10×Ex Taq buffer(2.0 μL)、5U Ex Taq(0.2 μL)、2.5 mmol/L dNTP Mix(1.6 μL)、27F(1 μL)、1492R(1 μL)、DNA(0.5 μL),补充二次蒸馏水至 20 μL。扩增程序为:95 ℃ 预变性 5 min,25 个循环(95 ℃ 变性 30 s,56 ℃ 退火 30 s,72 ℃延伸 90 s),最后 72 ℃延伸 10 min。

扩增后进行电泳检测,电泳条件是 1%琼脂糖凝胶,120 V 电压电泳 30 min。电泳检测结果如图 6-4 所示。

将扩增出来的序列使用 3730XL 测序仪进行一代双末端测序,获得 ABI 测序峰图文件,通过组装后,与 NT 库进行对比,获得近源物种信息。

P-1 菌株系统发育树如图 6-5 所示,结果表明,筛选的高效降解菌近源物种为 *Pseudomonas plecoglossicida*,是假单胞菌属细菌,命名为 *Pseudomonas* sp. P-1(NCBI:KY880958.1)。实验获得变形假单胞菌是一株兼性厌氧菌,在好氧条件下利用氧气作为电子受体,在缺氧条件下可以利用环境中硫酸盐、Fe(Ⅲ)等作为电子受体。

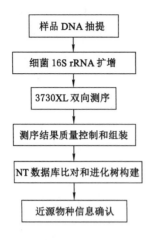

图 6-3 菌种鉴定流程

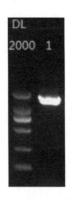

图 6-4 电泳检测结果

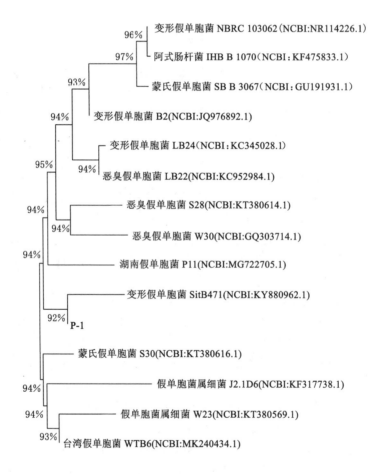

图 6-5 P-1 菌株系统发育树

6.2　封闭条件下菲的降解规律

实验室配制 100 mL LB 液体培养基,氮吹 5 min 驱赶培养基中溶解的氧气,倒入厌氧瓶中,旋紧瓶塞,瓶口放置棉线防止灭菌过程中炸裂,待灭菌完成后迅速抽掉棉线旋紧瓶塞,放入厌氧无菌手套培养箱中冷却至室温,将筛选纯化的菌体接种到液体培养基中,30 ℃ 恒温培养 24 h,离心去除上清液,用灭菌生理盐水稀释至 OD_{600} 为 0.8,制成菌悬液备用。

配制无机盐培养基,氮吹 5 min 后分别取 50 mL 放入 50 mL 棕色厌氧瓶中,旋紧瓶塞,瓶口放置棉线,于 120 ℃ 下高压灭菌 20 min,待灭菌完成后迅速抽掉棉线旋紧瓶塞,放入厌氧无菌手套培养箱内冷却至室温,精确加入 0.5 mL 的菲溶液(丙酮溶解,含菲 5 g/L),待丙酮完全挥发后加入 1 mL 菌悬液,空白实验加入等量灭活后的菌悬液,每组设置 7 个批次,每个批次设置 3 个平行,分别在实验开始的第 24 小时、第 48 小时、第 72 小时、第 96 小时、第 120 小时、第 240 小时取样,以 50 mL 正己烷等比萃取,于 290 nm 条件下测定无机盐培养基中残留的菲含量。以菲去除率为纵坐标、培养时间为横坐标,绘制降解曲线,如图 6-6 所示。

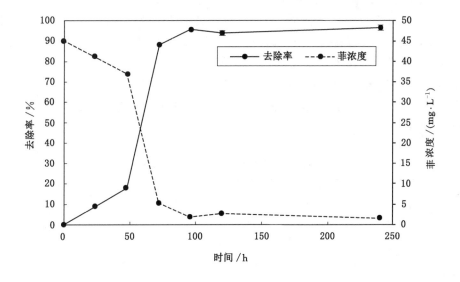

图 6-6　菲降解曲线

实验筛选得到的菌株可以对菲有效降解,从图 6-6 所示菲降解曲线可以看出,在实验初期,P-1 对菲的降解处于指数降解阶段,实验进行到 72 h 之后,P-1 对菲的降解率达到 88%,之后降解率趋于稳定,最高降解率约为 96%。

研究表明,当样品浓度不大时,细菌对菲的降解遵循一级动力学方程,表示为:

$$-dc/dt = kc \tag{6-1}$$

式中,c 为反应物浓度;t 为反应时间;k 为降解速率常数。

设反应物初始浓度为 c_0,t 时刻的反应浓度为 c_t,对上述公式进行积分,得到:

$$c_t = c_0 e^{-kt} \tag{6-2}$$

两边取对数：

$$\ln(c_0/c_t) = kt \tag{6-3}$$

即 $\ln(c_0/c_t)$ 与降解时间呈线性关系，其斜率为降解速率常数。从图 6-6 可以看出，P-1菌株对菲的降解在实验进行到 96 h 后基本降解完全，因此选取 0～96 h 时间段进行降解动力学模拟，结果见表 6-4。

表 6-4　菲降解动力学模拟

动力学方程	R^2	初始浓度/$(mg \cdot L^{-1})$	反应速率常数
$Y = 0.034\,8x - 0.555\,6$	0.837 1	45.00	0.034 8

6.3　菲降解菌的环境适应性

缺氧条件下，微生物将环境中的硝酸盐[1-2]、硫酸盐[3]、铁（Ⅲ）[4-5]等作为电子受体降解环境中多环芳烃。微生物降解有机污染物除了受有机污染物本身性质影响外，还受温度、pH 等环境因素的影响。煤矿关闭后，地下水水位回弹，井下环境处于封闭状态，煤矿特有的一些环境特征影响着微生物的生长和有机污染物的降解。因此，本书通过实验控制不同环境变量，分析 P-1 降解菌在不同煤矿环境条件下的适应性。

环境因子选择对微生物生长影响较大的温度、pH、菲初始浓度以及矿井水中主要污染物铁、硫酸盐浓度等 5 个影响因素。其中，温度的设定参照目前国内已有的煤矿井下矿井水温度调查结果[6-7]，pH、铁和硫酸盐的设定参照冯启言等人对废弃煤矿矿井水相关数据调查结果[8]，具体浓度梯度如表 6-5 所列。

表 6-5　不同影响因素及浓度梯度设定

影响因素	梯度 1	梯度 2	梯度 3	梯度 4	梯度 5
温度/℃	20	25	30	35	40
pH	3	6	7	8	10
菲浓度/$(mg \cdot L^{-1})$	5	25	50	100	500
铁浓度/$(mg \cdot L^{-1})$	1.0	2.5	5.0	7.5	10.0
硫酸盐浓度/$(mg \cdot L^{-1})$	100	500	1 000	1 500	2 000

配制基础无机盐培养基，氮吹 5 min 后分别取 50 mL 放入 30 个 50 mL 棕色厌氧瓶中，旋紧瓶塞，瓶口放置棉线，于 120 ℃下高压灭菌 20 min，待灭菌完成后迅速抽掉棉线旋紧瓶塞，放入厌氧无菌手套培养箱（氮气环境）内冷却至室温，精确加入 0.5 mL 菲溶液（丙酮溶解，含菲 5 g/L），待丙酮完全挥发后加入 1 mL 菌悬液（OD_{600} 为 0.8），空白实验加入等量灭活后的菌悬液，实验组和空白组分别设置 5 个批次，每个批次设置 3 个平行样，分别在实验开始后的第 24 小时、第 48 小时、第 72 小时、第 120 小时、第 240 小时取样，以 50 mL 正己烷等比萃取，于 290 nm 条件下测定无机盐培养基中残留的菲浓度，并根据公式(5-1)计算菲去除率。

6.3.1　温度对菲降解效率的影响

环境温度的改变会影响蛋白质、核酸、细胞及酶的结构和功能,从而影响微生物的生长和代谢。实验在 20~40 ℃ 范围内设置 5 个梯度,研究 P-1 菌株对煤矿井下环境温度的适应性,结果如图 6-7 所示。

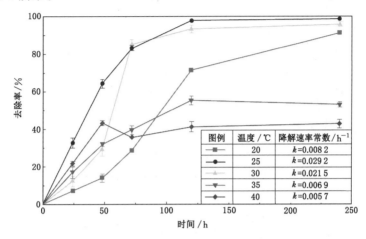

图 6-7　不同温度对菲降解率的影响

由图可以看出,P-1 菌株降解菲的最适温度为 25~30 ℃,此时,菲的降解速率常数为 0.029 2~0.021 5 h^{-1},降解速率较高,在实验开始 72 h 后,菲的去除率便可达到 85%,240 h 后可达 95% 以上。当温度为 20 ℃ 时,主要由于 P-1 菌株的酶活性降低导致菲降解速率减慢,240 h 后菲的降解率达到 91.2%。25~30 ℃ 时,由于温度的升高增加了菲在水中的溶解度,接种的菌株需要经历适应期阶段,因此实验初期菲降解率随温度的升高有所降低,在适应期结束后,菲的降解率迅速升高。当温度高于 35 ℃ 时,温度升高提高了生物细胞的传质速率,因此在实验初期菲的去除效率有所提高,但温度同样增加了菲的溶解度,菲的生物毒性抑制了部分菌株的生长,因此实验后期菲去除率降低。特别是在 40 ℃ 的条件下,菲溶解度的增加和温度的提高导致一部分降解菌死亡,吸附在细胞内未完成降解的菲重新释放出来,导致菲降解率的波动。

6.3.2　pH 对菲降解效率的影响

pH 对细菌降解污染物的影响主要有 3 个方面,包括影响胞外水解酶的活性、细胞膜的通透性及细胞表面电荷、改变极性营养物质的电荷从而影响其吸收。由于我国煤矿矿井水酸碱性差别较大,因此本书通过改变初始 pH 进行降解实验,分析 P-1 菌株在不同 pH 条件下对菲降解能力的影响,结果如图 6-8 所示。

对比不同 pH 条件下菲的降解率变化曲线,pH 为 6~8 时,P-1 菌株的生长状态良好,降解速率常数为 0.016 0~0.028 6 h^{-1},菲降解率较高。特别是在弱碱性环境中,72 h 后菲的去除率达 95.0%,基本降解完全。其原因可能是在弱碱性环境条件下,溶液中活跃的羟基自由基较丰富,而羟基化过程在芳香族化合物降解中有着重要的作用,因此,弱碱性环境在一定程度上提高了菲的降解率。此外,从图 6-8 可以看出,强酸和强碱的环境对菲的降解过程都有抑制作用,相比较强酸环境,P-1 菌株对强碱环境的适应性更高一些,可能由于降解过程中,脱氢反应等产生的 H·中和了溶液本身的碱度,改变了菌株生长的环境条件,使强

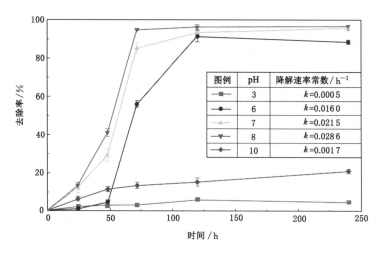

图 6-8 不同 pH 对菲降解率的影响

碱环境对菌株生长的抑制作用减弱。

6.3.3 菲初始浓度对降解效率的影响

由于多环芳烃本身能够在生物体内富集,且具有生物毒性,因此多环芳烃初始浓度在一定程度上对微生物活性起重要的限制作用。为探讨 P-1 菌株对菲的适应性,选择了较大的浓度变化范围进行菲的降解实验。如图 6-9 所示,菲初始浓度越小,降解效率越高,呈负相关性。当菲初始浓度为 500 mg/L 时,降解速率常数为 0.003 0 h^{-1},最大去除率为 41.8%;而当浓度为 5 mg/L 时,降解速率常数可达 0.039 3 h^{-1},48 h 之后去除率可达 93.3%。对比降解率曲线可以看出,当菲初始浓度增大时,P-1 菌株的生长需要经历适应期,因此实验初期降解效率降低,之后菌株对环境产生了适应性,同时一部分菲降解之后降低了反应体系中菲的浓度,降解速率开始提高。但较高浓度(500 mg/L)时,菌株受菲的生物毒性的影响,降解效率较低,但仍能完成降解过程,说明 P-1 菌株对菲初始浓度的适应性较强,能够在不同污染程度的水体中实现菲的降解。

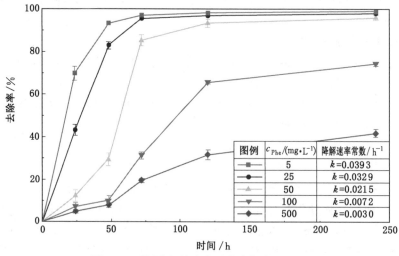

图 6-9 不同菲初始浓度对菲降解率的影响

6.3.4　硫酸盐浓度对降解效率的影响

部分煤层在形成过程中会伴生大量黄铁矿,黄铁矿经氧化后向环境中释放硫酸盐,因此,这些矿井水中硫酸盐含量往往较高。调查表明,我国矿井水中硫酸盐含量从几十到几千不等[8]。在缺氧或厌氧环境中,硫酸盐、硝酸盐等可以作为电子受体,参与到污染物的降解过程中,对污染物的降解起到促进作用。为了研究不同硫酸盐浓度对 P-1 菌株降解菲的影响,在 100～2 000 mg/L 范围内设置不同硫酸盐浓度,分析不同条件下菲去除率的变化,结果如图 6-10 所示。由图可以看出,硫酸盐对菲的降解过程起促进作用,在一定浓度范围内,降解速率常数随硫酸盐浓度增加而增大,当硫酸盐浓度为 1 500 mg/L 时,菲降解速率常数最高,为 0.033 6 h^{-1},实验开始 24 h 后菲的降解率就达到了 88.3%。这主要是由于硫酸盐浓度的增加在一定程度上增加了降解过程中的电子传递速率,促进了 P-1 菌株对菲的降解。继续增加硫酸盐浓度,发现菲的降解速率存在一定的限制,可能是由于硫酸盐浓度的不断增大导致水溶液渗透压增加,增加了菌株对环境的适应时间,但随着实验的不断进行,菲的降解率最终达到 87.4%,同样具有较好的去除效果。部分学者在对沉积物中多环芳烃厌氧降解的研究中也指出,硫酸盐作为电子受体呼吸耦合多环芳烃是沉积物中多环芳烃去除的重要途径之一,微生物一方面将硫酸盐作为电子受体还原为硫化物,同时还可以进一步将硫化物氧化为硫酸盐,从而驱动环境中硫的循环[9]。

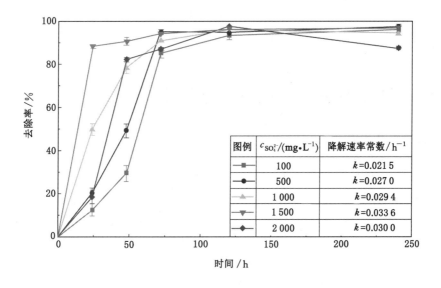

图 6-10　不同硫酸盐浓度对菲降解率的影响

6.3.5　铁浓度对降解效率的影响

废弃矿井中的铁主要来源于煤层中伴生黄铁矿的氧化溶解和巷道中残留的废弃铁质构筑物,如徐州贾汪矿区,受巷道中铁质防护网等的影响,矿区部分地下水中铁浓度严重超标,最高达 15.2 mg/L[10]。在有机污染的厌氧/缺氧生物降解过程中,Fe(Ⅲ)同样可以作为电子受体参与到细菌呼吸链中。部分学者指出,通过利用 Fe(Ⅲ)的氧化性可以促进缺氧沉积物中多环芳烃的降解转化。Yan 等人通过向太湖底部沉积物中投加额外的氢氧化铁,240 d 后厌氧微生物对底泥中菲、芘的最大降解率分别达到 99% 和 94%[4]。本书通过降解实验分析了不同 Fe(Ⅲ)浓度对 P-1 菌株降解菲的影响(图 6-11)发现,Fe(Ⅲ)的增加能够促进 P-1 菌株对菲的降解,当 Fe(Ⅲ)浓度为 5.0 mg/L 时降解效果最好,72 h 后菲的降解率达到 99.5%,降解速率常数为 0.039 4 h^{-1};之后继续增加 Fe(Ⅲ)浓度,接种的 P-1 菌株开始出现适应期增加的现象,但适应期结束后,仍能迅速完成菲的降解过程,实验开始 72 h 后,菲的去除率均在 80.0% 以上。

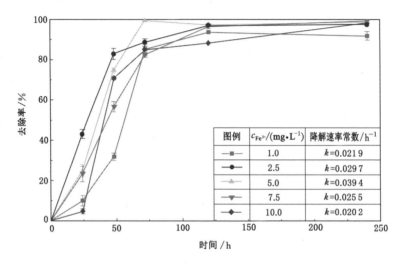

图 6-11 不同 Fe(Ⅲ)浓度对菲降解率的影响

6.4 高效降解菌降解多环芳烃的机理分析

6.4.1 实验材料及方法

6.4.1.1 主要试剂及实验仪器

中间产物分析用培养基成分见表 6-2,均为国药集团化学试剂有限公司生产的分析纯试剂,萃取用正己烷为科密欧化学试剂有限公司生产的分析纯试剂。实验用气相色谱-质谱联用仪(Clarus 680/SQ8)为美国 Agilent 公司生产,超声波破碎仪(Xo-650D)为南京先欧仪器制造有限公司生产,其余实验设备见表 5-1。基因组测序工作由上海美吉生物医药科技有限公司完成,相应试剂和设备由该公司提供。

6.4.1.2 P-1 菌株基因组 Illumina HiSeq 测序

本书使用 Illumina HiSeq X Ten 平台(Illumina 公司,美国)进行 P-1 菌株的基因组测序。首先收集纯化基因组 DNA,利用 Covaris 将菌株基因组 DNA 片段化,构建基因组测序文库,连接 A&B 接头并去除接头自连片段,用琼脂糖凝胶电泳筛选目标片段连接产物,使用氢氧化钠变形产生单链 DNA 片段,之后进行 Illumina HiSeq 测序:通过碱基互补将 DNA 片段的两端固定在芯片上形成"桥"(bridge),在 PCR 扩增的基础上形成 DNA 簇,之后线性化成 DNA 单链,利用改造过的 DNA 聚合酶将荧光标记的脱氧核糖核苷酸(dNTP)聚合到模板序列上(多轮循环,每次循环仅掺入单种碱基),利用激光扫描芯片的反应板表面,统计荧光信号获得模板 DNA 片段的序列。

6.4.1.3　P-1 菌株基因组测序数据生物信息分析

（1）基因组测序数据质控及数据组装

为使后续组装更加准确,首先对原始数据进行质控,用于去除测序引物、接头等人工序列以及一些测序质量较低的数据,从而获得高质量序列,利用统计学的方法分析样本碱基组成、错误率和质量分布。之后,根据 Illumina HiSeq X Ten 平台的高质量测序数据,对P-1菌株基因组数据进行组装。首先,利用短序列组装软件 SOAPdenovo2 对优化序列进行多个 k-mer 参数的拼接,得到最优组装基因组 contigs,然后将 reads 比对到 contig 上,根据 reads 间的双末端、重叠部分的关系,对组装结果进行优化。

（2）基因预测

利用 Glimmer 3.02 软件对优化后的 P-1 菌株的基因组编码序列进行预测,从而获得功能基因的核苷酸序列和氨基酸序列。非编码 RNA 序列（包括 tRNA、rRNA 及 microRNA 等）由于可以在 RNA 水平上行使相应的功能,因此也需要进行预测,其中 tRNA 的预测利用 tRNAscan-SE-2.0 进行,主要获得基因组中 tRNA 的核苷酸序列信息、反密码子信息及二级结构信息；rRNA 的预测利用 Barrnap 软件进行,获得基因组中 rRNA 的序列信息。

（3）功能基因注释

基因注释是基于蛋白序列的一种比对结果,将基因序列与数据库中的序列进行比对,获得相应的功能注释信息。常用的数据库包括 NR 数据库、Swiss-Prot 数据库、Pfam 数据库、COG 数据库、GO 数据库及 KEGG 数据库。

6.4.1.4　封闭条件下 P-1 菌株降解菲的代谢过程分析

将不同培养时间的菲降解体系在冰浴中超声 10 min,以破碎菌体,用 20 mL 正己烷萃取,4 000 r/min 条件下离心 5 min 分层,取有机层溶液通过气相色谱-质谱仪进行定性分析,确定降解过程中形成的菲降解产物。气相色谱配置 FID 检测器,色谱条件为:HP-5MS 毛细管色谱柱（30 m×0.25 mm×0.25 μm）,载气为高纯氦气（99.999%）,载气流速为 1.0 mL/min。进样口温度为 280 ℃,不分流进样,进样量 1 μL。检测器温度为 300 ℃。程序升温:初始温度 80 ℃,保持 2 min,然后以 15 ℃/min 上升到 200 ℃,以 8 ℃/min 上升到 230 ℃,最后以 10 ℃/min 上升到 280 ℃,保持 2 min。传输杆温度为 280 ℃。电子轰击（EI）离子源,电子能量 70 eV,离子源温度 250 ℃。选择离子监测模式扫描。根据降解中间产物,结合功能基因注释信息,分析封闭矿井缺氧-避光条件下菲的降解机理。

6.4.2　降解菌 P-1 全基因组测序与注释结果

6.4.2.1　基因组测序数据及组装结果

（1）P-1 菌株基因组 DNA 质检

DNA 质检可以确定 P-1 菌株基因组 DNA 是否能够满足建库要求,保证测序结果的准确性。本书通过 NanoDrop 2000 和 PicoGreen 检测 DNA 的浓度和纯度,通过琼脂糖凝胶电泳检测 DNA 完整性,结果如图 6-12 所示。由图可见,DNA 完整性好,条带清晰,DNA 浓度为 43 ng/μL,总量为 4.3 μg,OD260/280 为 1.99,

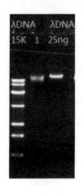

图 6-12　P-1 菌株基因组 DNA 电泳

能够满足基因组 DNA 测序的基本要求。

（2）测序数据及组装

本书通过 Illumina HiSeq X Ten 平台测序，获得 P-1 菌株的基因组测序原始数据，质控过滤后获得高质量序列，统计结果如表 6-6 所列。对测序数据的碱基组成和错误率分布进行统计，结果如附图 14 所示，可以看出，碱基组成平衡，错误率低，97.82％的碱基错误识别率都小于 0.01，表明测序数据结果较好，可信度高。

表 6-6　P-1 菌株测序数据统计

插入序列长度/bp	395
reads 长度/bp	150
双端 reads 数（质控后）/条	418 020×2
单端 reads 数（质控后）/条	4 223 107
错误识别率小于 0.01 的碱基占比（质控后）/%	97.82

对质控后的 P-1 菌株基因组测序数据进行组装拼接，结果如表 6-7 所列，P-1 菌株基因组测序共获得 76 条 scaffold，GC 含量为 62.66％。

表 6-7　P-1 菌株基因组组装结果统计

scaffold 总数/条	76
scaffold 总长度/bp	6 001 608
长度大于 1 000 bp 的 scaffold 数量/条	52
长度大于 1 000 bp 的 scaffold 总长度/bp	688 499
scaffold N50 的长度/bp	278 441
scaffold N90 的长度/bp	89 277
基因组所有碱基的 GC 含量/%	62.66

（3）编码基因预测

利用 Glimmer 3.02 对 P-1 菌株基因组编码基因进行预测，结果如表 6-8 所列，共预测到编码基因 5 750 个，基因总长度 5 308 212 bp，平均长度 923.17 bp。

表 6-8　编码基因预测结果

菌株	基因数	总长度/bp	平均长度/bp	GC 含量/%	预测基因占比/%
P-1	5 750	5 308 212	923.17	63.37	88.45

（4）非编码基因预测

非编码基因虽然不翻译成蛋白，但能够在 RNA 水平上行使功能，本书仅对细胞中含量较高的 tRNA 和 rRNA 两种非编码 RNA 进行了预测。其中 tRNA 预测到 75 个,分属 19 种类型;rRNA 仅预测到 1 个 23S rRNA。

6.4.2.2　功能基因注释

功能基因注释是基于氨基酸序列比对的一种注释方法,将获得的基因与基因数据库进行比对,获得相应的功能注释信息。基于不同数据库注释信息的侧重点不同,本书将 P-1 菌株预测的基因序列与 COG 数据库、GO 数据库以及 KEGG 数据库进行了比对。

（1）COG 数据库注释

COG 数据库由 NCBI 创建,该数据库根据蛋白序列的相似性将不同蛋白序列进行分类,通过比对将蛋白序列划分到 25 个功能亚类中,从而进行功能注释。降解菌 P-1 的 COG 注释结果如图 6-13 所示,共有 4 754 个基因在 COG 数据库中被注释到 21 个功能类别中,占预测编码基因的 82.68%。其中一般功能基因和功能未定义基因在注释基因中占比最高,为 27.75%;其次为氨基酸转运代谢（473 个）以及转录（424 个）功能的基因。

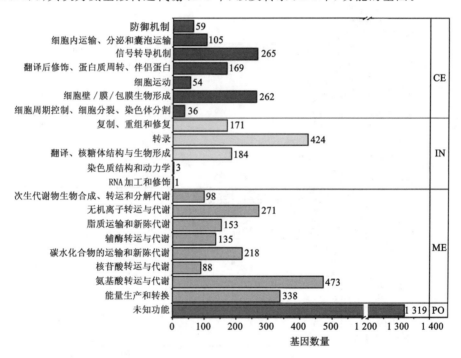

CE—cellular processes and signaling,细胞过程和信号传导;IN—information storage and processing,信息存储和处理;ME—metabolism,代谢过程;PO—poorly characterized,缺乏特异性。

图 6-13　COG 数据库基因注释结果

（2）GO 数据库注释

GO 数据库由 Gene Ontology Consortium 创建,用于建立一套适用于各种物种的动态的、唯一的、标准化的生物学描述,从而确定生物体中基因和基因产物的属性。该数据库将基因分为 3 大类,包括生物学过程、分子功能和细胞组成,研究用 Mapping 的方式从数据库中得到相应的注释信息,根据基因的注释情况,确定基因的分子功能、所处的细胞环境及其参与的生物学过程。如图 6-14 所示,P-1 菌株的 GO 注释结果表明,4 191 个基因被注释,占比 72.89%。共获得 8 701 个功能注释,其中生物学过程注释 3 251 个,分子功能注释 3 406 个,细胞组成注释 2 044 个,分属 41 个亚类中。

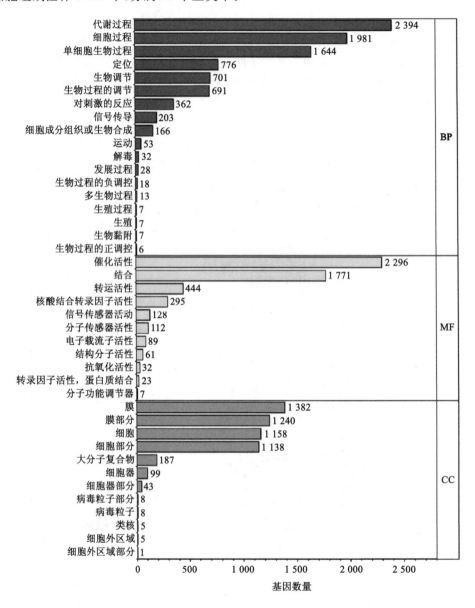

BP—biological process,生物学过程;MF—molecular function,分子功能;CC—cellular component,细胞组成。

图 6-14 GO 数据库基因注释结果

如图 6-14 所示,生物学过程分类中,大部分基因参与到代谢过程中(2 394 个),在注释基因中占比 57.12%;其次为细胞过程;仅有少部分基因参与到正向生物调节过程中。分子功能分类中,较多基因被划分到催化活性亚类中,在注释基因中占比 54.78%;分子功能调控的基因最少,仅 7 个。细胞组成分类中,参与到细胞膜的功能基因最多,其次为细胞部分和细胞器部分,最少的为胞外部分。

(3) KEGG 数据库注释

　　KEGG 数据库由日本京都大学创建和维护,是目前最常用的生物信息注释数据库之一。在生物体内,不同基因之间通过相互协调行使具体的生物学功能,KEGG 数据库集合了 NCBI 等数据库的基因序列信息,将各种生物学通路信息存储在 Pathway 数据库中,包括代谢通路、合成通路、信号传递通路和膜转运通路等,通过注释分析基因功能,并结合通路信息探究不同基因在复杂生物过程中的协同作用。P-1 降解菌基因组信息比对 KEGG 数据库基因注释结果如图 6-15 所示,基因功能分类统计后归纳的生物通路包括 6 类,分别是细胞学过程通路、代谢通路、人类疾病通路、遗传信息传递通路、组织系统通路及环境信息处理通路。其中,涉及代谢通路的基因数量最多,达 1 799 个,占预测编码基因的 31.29%;其次为环境信息处理通路,涉及基因 458 个。

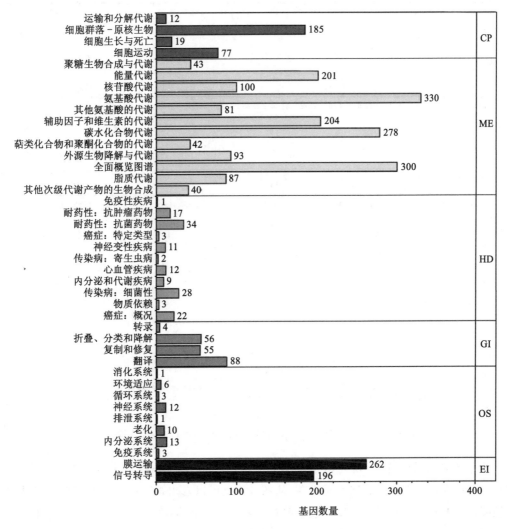

CP—cellular processes,细胞学过程通路;ME—metabolism,代谢通路;
HD—human diseases,人类疾病通路;GI—genetic information processing,遗传信息传递通路;
OS—organismal systems,组织系统通路;EI—environmental information processing,环境信息处理通路。

图 6-15　KEGG 数据库基因注释结果

6.4.3 封闭条件下 P-1 菌株菲降解机制分析

6.4.3.1 菲降解产物测定

利用 GC-MS 对不同时段模拟废弃矿井缺氧-避光条件下 P-1 菌株降解菲的中间产物进行定性分析,结果如图 6-16 所示。不同时段共检出了 6 种主要物质,通过与标准质谱图库的质谱图进行比对,确定物质(2)～物质(6)均为菲降解过程中形成的主要中间产物。

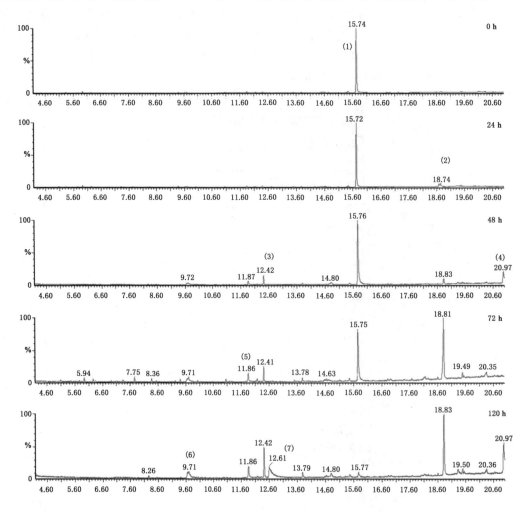

图 6-16 缺氧条件下 P-1 菌株降解菲中间产物 GC-MS 分析结果

质谱比对结果如表 6-9 所列,其中物质(1)(保留时间 15.74 min)的主要分子离子质荷比为 178,比对标准质谱图库确定该物质为菲,从图 6-6 也可以看出,随着时间的推移,溶液中菲不断被降解,物质(1)的相对丰度亦逐渐降低。物质(2)(保留时间 18.81 min),经标准质谱图库比对,推测为苯甲酸的酯化反应衍生物,研究表明,邻苯二甲酸为热不稳定化合物[11],在 GC-MS 检测升温过程中,溶液中的邻苯二甲酸与其他有机化合物发生酯化反应而形成相对稳定的物质(2),因此推测物质(2)对应降解产物为邻苯二甲酸。物质(3)(保留时间 12.42 min)比对结果与二叔丁基酚质谱图相似,比标准谱图缺失离子碎片 29 及 41,推测为中间产物苯酚烷基化的衍生物。相应推断出物质(4)(保留时间 20.97 min)为中间产物 1-己烯的衍生物;物质(5)(保留时间11.86 min)为中间产物邻羟基苯甲酸(水杨酸)的衍生物;物质(6)(保留时间 9.71 min)为 2,2-二羟基二苯基甲烷的衍生物,推测可能为中间产物 2-羟基-联苯-2-羧酸的衍生物;物质(7)(保留时间 12.61 min)为中间产物 1-羟基-2-萘甲酸的衍生物。

表 6-9　菲降解中间产物质谱比对结果

编号	保留时间	比对结果	推测中间产物
(1)	15.74 min	R:PHENANTHRENE	
(2)	18.81 min	R:DIDODECYL PHTHALATE	
(3)	12.42 min	R:PHENOL, 2,4-BIS(1,1-DIMETHYLETHYL)-	
(4)	20.97 min	R:METHYL 9-TETRADECENOATE	
(5)	11.86 min	R:THIOSALICYLIC ACID, S-TRIMETHYLSILYL-, TRIMETHYLSILYL ESTER	

表 6-9(续)

编号	保留时间	比对结果	推测中间产物
(6)	9.71 min	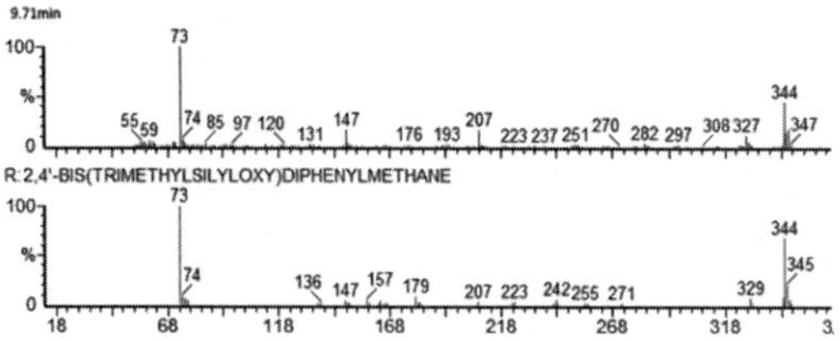	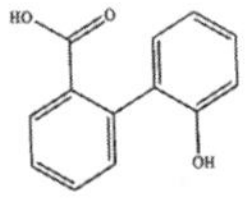
(7)	12.61 min	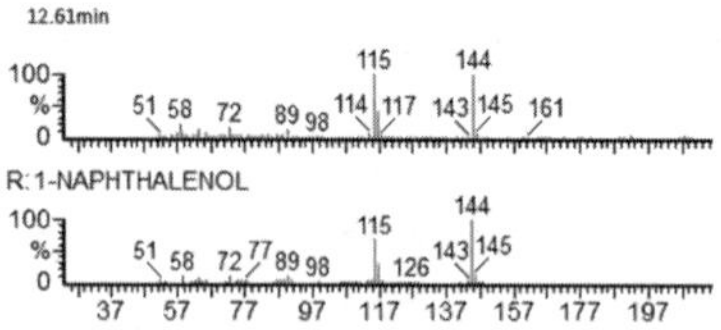	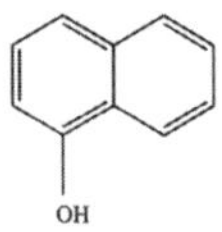

6.4.3.2　P-1 菌株参与菲降解主要基因及其降解机制

菲可以被多种微生物通过不同的方式降解,降解过程往往是利用双加氧酶攻击 3-4 碳碳碳键或 9-10 碳碳键,从而使菲开环降解,并逐步代谢为二氧化碳和水。本书通过对菲降解菌株 P-1 的基因组分析,并通过与 NR 数据库比对注释,共发现 13 种主要的降解酶参与了菲的降解过程,如表 6-10 所列。根据菲降解中间产物,将基因注释结果与菲降解通路结合,推测出缺氧-避光条件下 P-1 菌株降解菲的主要代谢过程如图 6-17 所示。

表 6-10　参与菲降解过程的主要基因信息

基因编号	基因注释功能描述
gene00285	邻苯二酚 1,2-双加氧酶
gene01011	泛醌生物合成单加氧酶
gene01356	庚二酸脱羧酶
gene02838	多巴双加氧酶外二醇
gene03444	硫化物:醌氧化还原酶
gene03523	1-羟基-2-萘甲酸降解酶
gene03608	苯甲酸/甲苯化 1,2-双加氧酶亚基 β
gene03719	萘二醇 1,2-双加氧酶
gene03922	水杨酸羟化酶
gene04631	原儿茶酸 3,4-双加氧酶,β 亚基
gene04700	D-乳酸脱氢酶
gene05233	4-羧基粘康酸内酯脱羧酶
gene05329	环氧化物水解酶

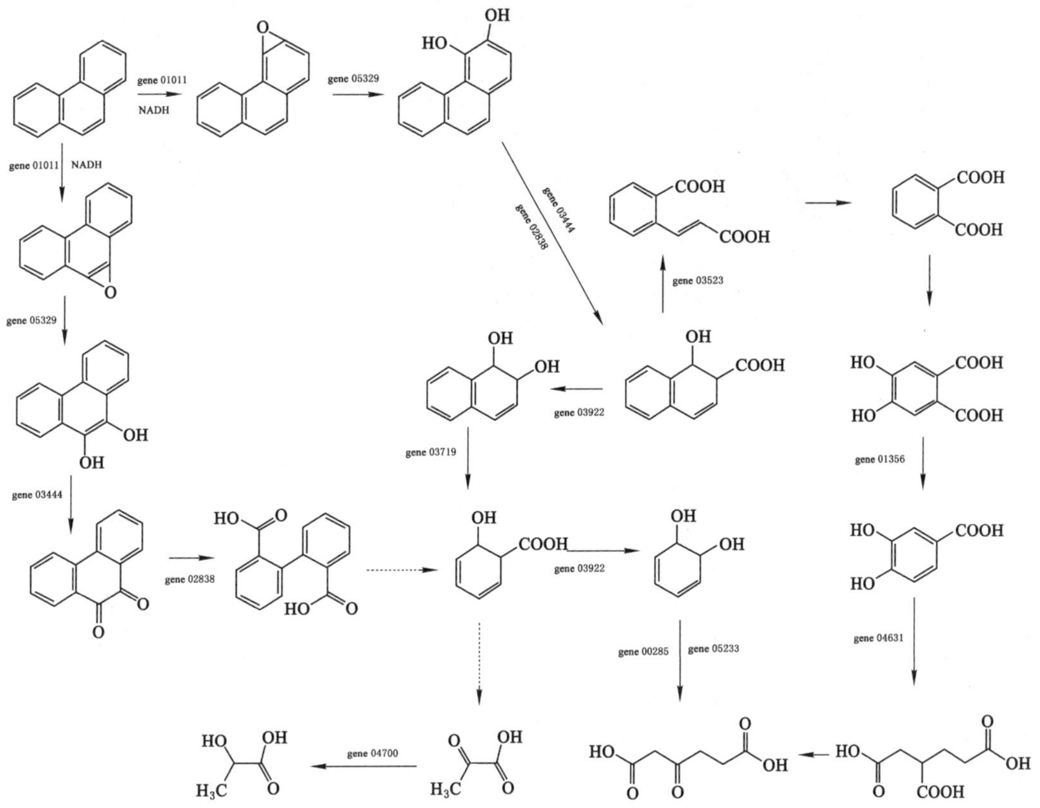

图 6-17 缺氧-避光条件下 P-1 菌株降解菲的主要代谢过程

如表 6-10 所列,实验检测到 P-1 菌株降解菲的主要中间产物包括水杨酸和邻苯二甲酸。其中,水杨酸的形成主要经过两条途径:① 菲在醌生物合成单加氧酶系(CYP3A4)及还原型辅酶 I 的作用下,在 3-4 碳碳键上加环氧基,形成 3,4-环氧基-菲,产物在环氧化物水解酶(sgcF)的作用下形成 3,4-二羟基-菲,之后 3,4-二羟基-菲在醌氧化还原酶和加氧酶的作用下将 3-4 号位碳碳键打开,经反应形成 1-羟基-2-萘甲酸,受羟化酶作用形成 1,2-二羟基-萘,然后在加氧酶的作用下开环,进而形成水杨酸。② 菲在醌生物合成单加氧酶系(CYP3A4)及还原型辅酶 I 的作用下,在 9-10 碳碳键上加环氧基,形成 9,10-环氧基-菲,产物在环氧化物水解酶(sgcF)的作用下形成 9,10-二羟基-菲,9,10-二羟基-菲在醌氧化还原酶(Sqr)的作用下形成 9,10-邻菲醌,此过程伴随硫酸根离子脱氧形成亚硫酸根离子,之后菲醌在加氧酶和水解酶的作用下开环断裂形成联苯二甲酸,进而形成水杨酸。由于 P-1 菌株对菲醌的降解难度相对较大,因此菲醌容易在体系中累积,导致降解体系溶液发黄(图 6-18),从侧面反映了中间产物菲醌的存在,随着降解时间增加,颜色逐渐消失。邻苯二甲酸的形成主要通过途径①的中间产物 1-羟基-2-萘甲酸形成:1-羟基-2-萘甲酸在 1,2-氧化还原酶的作用下开环,受苯甲酸盐裂合酶(PhdJ)和 2-羧基-苯甲醛脱氢酶(PhdK)的作用转化为邻苯二甲酸。

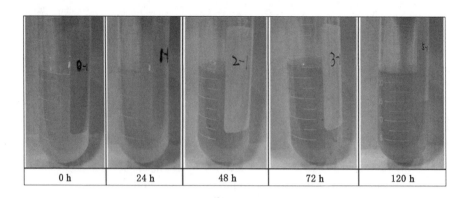

图 6-18　降解过程中溶液颜色变化

水杨酸主要通过水杨酸羟化酶作用转化成邻苯二酚,之后在邻苯二酚-1,2-双加氧酶的作用下转化成 3-氧代己二酸,完成菲中苯环的全部开环过程。此外,部分水杨酸还可以在水杨酸加氧酶的作用下形成 2,5-二羟基-苯甲酸,之后在加氧酶作用下形成丙酮酸,并经乳酸脱氢酶作用形成乳酸,从而降解菲。邻苯二甲酸主要通过邻苯二甲酸 4,5-双加氧酶/还原酶组分(pht2)的作用形成 4,5-二羟基-邻苯二甲酸,之后在脱羧酶的作用下形成 4,5 二羟基-苯甲酸,在原儿茶酸 3,4 双加氧酶的作用下形成 3-羧基-粘康酸,之后在3-羧基-粘康酸环异构酶和 3-3-加氧酸烯醇内酯酶的作用下形成 3-氧代己二酸,从而完成菲的开环降解过程。

6.4.3.3　环境因素对菲代谢过程的影响机制分析

本书分析了 pH、温度、硫酸盐及铁浓度等环境因素对高效降解菌株 P-1 菌株降解菲的影响,结果表明,模拟关闭矿井缺氧-避光条件下,pH 为 6～8、温度为 25～30 ℃时,P-1 菌株对菲的降解效果较好,降解体系中硫酸盐、铁浓度的增加会促进 P-1 菌株对菲的降解效率。其中,环境温度主要通过影响蛋白质活性来控制降解菌对菲的降解,当温度升高时,细胞中蛋白质、核酸等大分子物质结构会被破坏,发生不可逆的转变,从而影响 P-1 降解菌对菲的降解;pH 通过影响降解体系中的羟基自由基来控制菲的代谢过程,在菲的主要代谢过程中,羟基自由基起到关键的作用,降解体系中羟基自由基越丰富,越有利于提高菲的降解率,因此,弱碱性环境在一定程度上对 P-1 菌株降解菲有促进作用。

在缺氧/厌氧条件下,微生物呼吸作用能够以 SO_4^{2-}、NO_3^- 及 Fe(Ⅲ)等作为电子受体,完成降解过程中的电子传递过程。在关闭煤矿地下水环境中,硝酸盐含量往往较少,微生物呼吸作用电子受体则主要以硫酸盐和铁为主。研究表明,Fe(Ⅲ)在多环芳烃等有机污染物的厌氧降解过程中,可以接受呼吸链终端的电子,最终形成 Fe(Ⅱ)或 Fe,因此,Fe(Ⅲ)在一定程度上能够促进多环芳烃的降解[12-13]。此外,铁还是一些生物蛋白合成的必要元素,降解体系中 Fe(Ⅲ)的存在亦是细菌进行正常代谢过程的保证。同样,硫酸盐的存在对多环芳烃的降解也有一定的促进作用,研究表明,利用微生物对多环芳烃进行厌氧降解的过程中,苯环的氧化和硫酸盐的还原过程相结合,该过程可以将多环芳烃完全氧化为二氧化碳和水,而添加硫酸盐还原抑制剂则完全阻断了这一过程[14];此外,向含石油类污染物的含水层中添加硫酸盐,能显著刺激含水层中苯系物的降解,且含水层中硫酸盐还原菌的丰富度出现明显的增加[15],说明硫酸盐在多环芳烃厌氧降解中起关键作用,且相对于 Fe(Ⅲ),部分细菌表现出更倾向于将硫酸盐作为电子受体,完成呼吸作用[16]。在 P-1 菌株降解菲的过程中,硫酸盐可以通过多种途径参与菲的降解过程:一方面,P-1 菌株呼吸作用能够以 SO_4^{2-} 作为电子受体,完成降解过程中的电子传递过程,主要是硫酸盐在氧化还原酶的作用下形成亚硫酸盐,之后在亚硫酸盐还原酶体系作用下,接受呼吸链传递的电子并与溶液中 H^+ 结合,形成硫化氢;另一方面,硫还是构成细胞分解代谢中辅酶 A、GSH 等的主要化学元素之一,可以通过巯基与有机物结合催化有机物的降解。此外,在 P-1 菌株降解菲的过程中,硫酸盐对中间产物菲醌的形成起促进作用,在醌氧化还原酶的作用下,硫酸盐脱去一个氧原子,与酚羟基中的氢结合,形成亚硫酸盐、醌及一个水分子。但随着硫酸盐的持续增加,降解体系渗透压增大,且 C/S 减小[17],造成降解菌生长环境的恶化,增加了 P-1 菌株对环境的适应时间,且 H_2S 的增加亦会抑制硫酸盐的还原过程,造成降解效率降低。

6.5　本章小结

本章通过驯化、筛选、纯化等过程,从煤矿环境样品中获得了多环芳烃(菲)的高效降解菌株 P-1,经鉴定为假单胞菌属细菌(*Pseudomonas* sp.P-1),后通过基因组测序,分析了高效降解菌 P-1 的基因组序列,并进行相应的功能注释,结合菲降解中间产物分析了关闭煤矿缺氧-避光条件下菲的代谢过程。结果表明:

(1)利用该菌株进行多环芳烃(菲)的降解实验,结果表明,在模拟关闭矿井缺氧-避光条件下,*Pseudomonas* sp.P-1 菌株能够有效降解环境中的菲且对环境有较强的适应性,在 20～40 ℃、pH 6～8、菲初始浓度 5～500 mg/L、硫酸盐浓度 100～2 000 mg/L、Fe(Ⅲ)浓度为 1～10 mg/L 条件下均能生长并降解溶液中的菲。其中,温度为 25～30 ℃,弱碱性条件下,P-1 菌株对菲的降解效果较好,最高降解率可达 96.0%～98.9%;菲初始浓度和降解率呈负相关,且高浓度菲对 P-1 菌株的活性起一定的抑制作用;矿井水中硫酸盐、Fe(Ⅲ)含量的增加均会促进 P-1 菌株对菲的缺氧降解。

(2)P-1 菌株基因组测序分析共获得 5 750 个编码功能基因和 76 个非编码基因,其中约 80% 的基因功能能够被注释。COG 数据库注释结果表明,46.61% 的功能基因用于完成一般细胞功能、氨基酸的转运代谢和转录。此外,通过 KEGG 数据库注释发现,31.29% 的功能基因参与到代谢通路中。

(3)通过分析 NR 注释及 KEGG 注释的结果,确定 13 种功能基因直接参与到了菲的降解过程。结合 GC-MS 中间产物分析,确定关闭煤矿缺氧-避光条件下 P-1 菌株降解菲的主要途径是:通过单加氧酶及环氧化物水解酶在苯环上形成邻羟基,之后在醌氧化还原酶的作用下形成菲醌,然后开环降解。关闭煤矿矿井水环境中硫酸盐对菲降解过程影响较大,除作为电子受体和细胞重要组成元素外,还直接参与了菲醌的形成过程。

参考文献

[1] LU X Y,ZHANG T,HAN-PING FANG H,et al.Biodegradation of naphthalene by enriched marine denitrifying bacteria ［J］. International biodeterioration & biodegradation,2011,65(1):204-211.

[2] ROCKNE K J,STRAND S E.Anaerobic biodegradation of naphthalene,phenanthrene, and biphenyl by a denitrifying enrichment culture[J].Water research,2001,35(1): 291-299.

[3] BERLENDIS S,LASCOURREGES J F,SCHRAAUWERS B,et al.Anaerobic biodegradation of BTEX by original bacterial communities from an underground gas storage aquifer[J].Environmental science & technology,2010,44(9):3621-3628.

[4] YAN Z S,SONG N,CAI H Y,et al.Enhanced degradation of phenanthrene and pyrene in freshwater sediments by combined employment of sediment microbial fuel cell and amorphous ferric hydroxide[J].Journal of hazardous materials,2012,199/200:217-225.

[5] JAHN M K,HADERLEIN S B,MECKENSTOCK R U.Anaerobic degradation of benzene,toluene,ethylbenzene,and o-xylene in sediment-free iron-reducing enrichment cultures[J].Applied and environmental microbiology,2005,71(6):3355-3358.

[6] 符志琰,刘灿浩,单绍磊.基于高温矿井水的节能型井口防冻技术研究及应用[J].山东煤炭科技,2011(6):66-67.

[7] 盖世海,李慧敏.低温矿井水在高炉冷却系统中的应用[J].山东冶金,2005,27(3): 29-30.

[8] FENG Q Y,LI T,QIAN B,et al.Chemical characteristics and utilization of coal mine drainage in China[J].Mine water and the environment,2014,33(3):276-286.

[9] AITKEN C M,JONES D M,MAGUIRE M J,et al.Evidence that crude oil alkane activation proceeds by different mechanisms under sulfate-reducing and methanogenic conditions[J].Geochimica et cosmochimica acta,2013,109:162-174.

[10] 高波.贾汪矿区煤矿关闭后地下水化学特征[D].徐州:中国矿业大学,2014.

[11] CAJTHAML T,ERBANOVÁ P,ŠAŠEK V,et al.Breakdown products on metabolic pathway of degradation of benz[a]anthracene by a ligninolytic fungus[J].Chemosphere,2006,64(4):560-564.

[12] LOVLEY D R,HOLMES D E,NEVIN K P.Dissimilatory Fe(Ⅲ) and Mn(Ⅳ) reduction[J].Advances in microbial physiology,2004,49:219-286.

[13] KUNAPULI U,LUEDERS T,MECKENSTOCK R U.The use of stable isotope probing to identify key iron-reducing microorganisms involved in anaerobic benzene degradation[J].The ISME journal,2007,1(7):643-653.

[14] LOVLEY D R,COATES J D,WOODWARD J C,et al.Benzene oxidation coupled to

sulfate reduction[J].Applied and environmental microbiology,1995,61(3):953-958.

[15] SUBLETTE K, PEACOCK A, WHITE D, et al. Monitoring subsurface microbial ecology in a sulfate-amended,gasoline-contaminated aquifer[J].Groundwater monitoring & remediation,2006,26(2):70-78.

[16] LI C H,WONG Y S,TAM N F Y.Anaerobic biodegradation of polycyclic aromatic hydrocarbons with amendment of iron(Ⅲ) in mangrove sediment slurry[J].Bioresource technology,2010,101(21):8083-8092.

[17] 崔高峰,柯建明,王凯军.COD/SO$_4^{2-}$ 值对硫酸盐还原率的影响[J].环境科学,2000, 21(4):106-109.

第7章 结论与建议

7.1 结论

由于煤炭资源枯竭及国家产业政策的调整,大量煤矿被废弃或关闭,由此带来的安全与环境问题日益突出。煤矿关闭后,采空区及巷道充水,水文地质条件发生显著变化,其中的污染物会浸出、释放及迁移,并对地下水环境构成污染风险。本书依托国家自然科学基金项目"废弃矿井地下水中多环芳烃的降解与迁移机理"(编号:41472223),通过现场调研、理论分析以及室内实验模拟,分析了矿区环境中多环芳烃的分布特征及矿井水中多环芳烃的主要来源,开展了模拟关闭煤矿多环芳烃的迁移实验,并通过降解实验、结合分子生物学技术研究了关闭煤矿矿井水中多环芳烃的降解机理,以及不同环境因子对多环芳烃降解过程的影响。

(1)分析了我国不同煤矿区29个煤炭样品中多环芳烃的含量,发现煤中16种PAHs的平均浓度为(10.540 ± 7.973) $\mu g/g$,其中低分子量多环芳烃的浓度最高,占多环芳烃平均含量的44%。按煤化作用程度的不同分析多环芳烃的分布,结果表明烟煤中16种PAHs含量最高。对煤中多环芳烃含量影响因素进行分析,发现碳含量、挥发分含量、H/C摩尔比和O/C摩尔比对原煤中多环芳烃含量影响的相对贡献率分别为14.11%、34.24%、28.23%和23.42%,其中,原煤挥发分含量和H/C摩尔比在多环芳烃的含量变化中起主导作用。矿区水体中16种PAHs浓度为0.69~4.61 $\mu g/L$。以3环PAHs为主,占比42.37%,4~6环PAHs的含量则相对较少。从致癌/非致癌组分来看,淮南、淄博、兖州等老矿区矿井水中致癌多环芳烃占比最高,主要致癌组分为Chr、InP、DaA和BbF等。煤矿井下污泥中16种PAHs含量为0.64~24.02 $\mu g/g$,以3~5环PAHs为主,占比82.90%,6环和2环PAHs相对较少。井下污泥中致癌性PAHs的检出率较高,主要致癌组分为BbF、Chr和BaP。

(2)Fla/(Pyr+Fla)、BaA/(BaA+Chr)和InP/(InP+BghiP)3组多环芳烃同分异构体比值表明,矿井水中多环芳烃主要来源于煤的释放。设计了360 d的煤-矸石-矿井水体系多环芳烃迁移模拟实验,发现在模拟关闭煤矿缺氧-避光条件下,煤-矸石中多环芳烃持续向水中释放,并伴随多环芳烃的吸附和降解过程,矿井水中多环芳烃浓度最高为20.83 $\mu g/L$。实验初期,多环芳烃的释放以低分子量多环芳烃为主,而中、高分子量多环芳烃的释放过程相对缓慢,但能够在水体中不断累积,因此,在实验过程中,中、高分子量多环芳烃占比不断增加,最高达60%以上。模拟关闭煤矿矿井水中多环芳烃的浓度变化过程符合一级动力学模型,利用该模型能够对实验数据进行有效拟合($R^2 > 0.9$)。通过分析模型参数发现,矿井水中的表面活性剂等物质对煤中多环芳烃的释放起到促进作用,多环芳烃释放速率常数由 0.002 d^{-1} 增加到 0.005 d^{-1}。

(3) 参照《地下水质量标准》对矿井水中多环芳烃污染水平进行评价,结果表明,调查矿区中 58% 的矿井水苯并(a)芘浓度超过Ⅲ类水水质标准,特别是在关闭矿井,由于矿井水中苯并(a)芘不断累积,污染程度加重。利用风险商值法对矿区水体进行生态风险评估,发现矿区水体中 PAHs 总体均处于中、高风险水平,其中 91.7% 的水体表现为高风险水平,特别是在关闭煤矿区,矿井水中多环芳烃污染风险水平较高,应当予以重视。

(4) 以徐州权台煤矿为例,采样分析了井下 $-550\sim-700$ m 水平细菌群落的分布特征,结果表明,煤矿井下细菌群落以变形菌门(平均占比 36.9%)、厚壁菌门(平均占比 24.0%)及放线菌门(平均占比 20.0%)为主。受人类采矿活动及区域环境的影响,井下不同功能巷道细菌群落丰富度存在显著的差异,但群落多样性差异并不显著。相关性分析发现煤矿井下细菌群落丰富度主要受 pH 和 C/N 摩尔比的影响,C/N 摩尔比越大、pH 越接近中性,则细菌群落丰富度越高。通过 135 d 的模拟关闭煤矿细菌群落演替实验发现,受氧化还原条件和营养的影响,封闭和半封闭条件下细菌群落差异随时间变得越来越显著。在半封闭条件下,细菌群落丰富度随时间不断增大并趋于稳定,主要细菌门类由厚壁菌门逐渐演化为变形菌门;而在封闭条件下,细菌群落丰富度则呈先增加后减小的变化趋势,对环境适应性较强的厚壁菌门微生物占主导地位,主要细菌类型由实验初期的好氧/兼性厌氧菌逐渐变为厌氧/兼性厌氧菌,部分绝对好氧微生物(如 *Mitochondria*)在实验后期逐渐消失。

(5) 实验室模拟煤矿关闭过程,利用不同底物筛选多环芳烃降解菌群,并分析不同菌群对菲的降解效率,结果表明以菲为底物筛选的 F-1 菌群在 TDS = 3 000 mg/L、pH = 9、T = 30 ℃时对菲的降解率最高,降解率 25 d 后达到 97.6%,但 F-1 对环境变化适应性较差;而以混合底物筛选的 F-3 菌群对温度、pH 的变化均有良好的适应性,不同条件下对多环芳烃的降解率均可达到 50% 以上,相对稳定。以混合菌群 F-3 为研究对象,研究不同因素下降解菌群的演替规律,发现在低 TDS 条件下,25 d 后优势菌属为 *Pseudomonas*,而在高 TDS 条件下,优势菌属由初期的 *Pseudomonas*、*Rhizobium*、*Methyloversatilis* 逐渐变为 *Rhizobium*、*Pseudomonas*、*Pseudoxanthomonas*;在酸性条件下,菌群优势菌属由 *Aeromonas*、*Pseudomonas*、*Enterococcus*、*Lactobacillus* 逐渐变为 *Bacillus*,而在碱性条件下优势菌属由 *Enterobacteriaceae*、*Pandoraea* 逐渐变为以 *Rhizobium* 为主,群落多样性增加;不同温度条件下菌群在模拟实验后期均以 *Pseudomonas* 为主。

(6) 实验室模拟关闭煤矿缺氧-避光条件下,通过筛选、纯化,从煤矿环境样品中获得了多环芳烃(菲)的高效降解菌 *Pseudomonas* sp.P-1。利用该株进行菲降解实验,研究关闭煤矿缺氧-避光条件下菲的降解机理,结果表明,在模拟关闭煤矿条件下,*Pseudomonas* sp.P-1 菌株能够有效降解环境中的菲且对环境有较强的适应性,在 20~40 ℃、pH 6~8、菲初始浓度 5~500 mg/L、硫酸盐浓度 100~2 000 mg/L、Fe(Ⅲ)浓度为 1~10 mg/L 条件下均能生长并降解溶液中的菲。其中,温度为 25~30 ℃,弱碱性条件下,*Pseudomonas* sp.P-1 菌株对菲的降解效果较好,降解率可达 96.0%~98.9%。菲初始浓度和降解率呈负相关,且高浓度菲对 P-1 菌株的活性起一定的抑制作用,但矿井水中硫酸盐、Fe(Ⅲ)含量的增加会促进 P-1 菌株对菲的缺氧降解。基于分子生物学技术，分析了 *Pseudomonas* sp.P-1 菌株的基因组序列，共获得 5 750 个编码功能基因和 76 个非编码基因，其中约 80％的基因功能能够被注释。通过比对分析 NR 注释及 KEGG 注释的结果，发现共有 13 种功能基因直接参与到了 *Pseudomonas* sp.P-1 菌株对菲的降解过程。结合 GC-MS 中间产物分析，确定关闭煤矿缺氧-避光条件下 P-1 菌株降解菲的主要途径是：通过单加氧酶及环氧化物水解酶在苯环上形成邻羟基，之后在醌氧化还原酶的作用下形成菲醌，然后开环降解。关闭煤矿矿井水环境中硫酸盐对菲降解过程影响较大，除作为电子受体和细胞重要组成元素外，还直接参与了菲醌的形成过程。

7.2　建议

煤矿井下残留煤、矸石、泥及采矿活动带来的有机物等均会向水环境中释放多环芳烃类污染物，由于煤矿关闭后现场调查取样条件受限，本次研究仅通过室内模拟实验的方法对煤-矸石中多环芳烃的释放、迁移及微生物降解过程进行了实验研究，存在一定的局限性。废弃矿井多环芳烃的迁移受地下水动力条件、水循环变化、氧化还原条件及降解过程的影响，应建立多相多场耦合的迁移模型。此外，本书在关闭煤矿地下水中多环芳烃生物降解方面，研究筛选了一株高效降解菌，并对缺氧-避光条件下多环芳烃（菲）的降解机理进行了分析，在以后的研究中可以开展混合菌群及多种多环芳烃的降解实验，特别是针对致癌性较强的高环多环芳烃的降解实验研究，以探讨关闭煤矿复杂条件下多种多环芳烃的降解机理。

附　　图

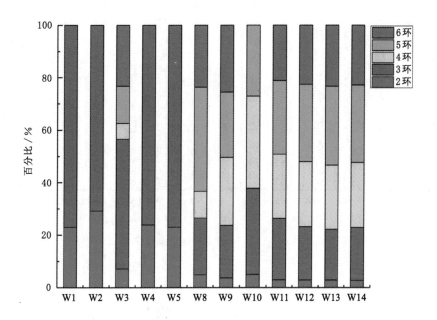

附图 1　典型煤矿区矿井水水样中不同环数 PAHs 分布图

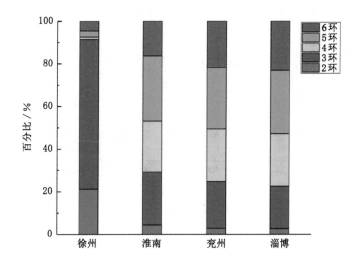

附图 2　各矿区矿井水水样中不同环数 PAHs 分布图

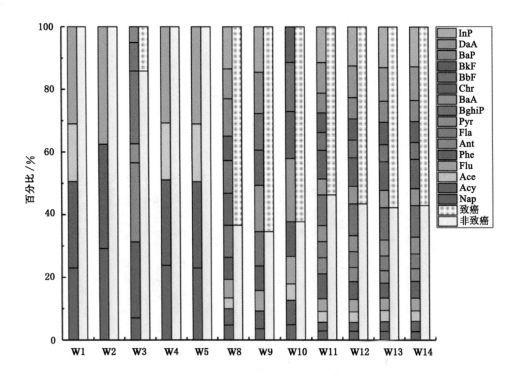

附图 3　典型煤矿区矿井水水样中 16 种 PAHs 以及致癌/非致癌组分分布图

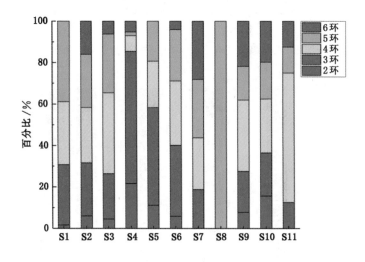

附图 4　井下污泥样品中不同环数 PAHs 的含量百分比

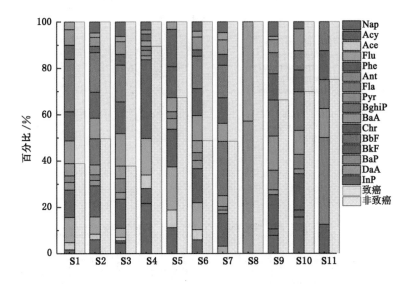

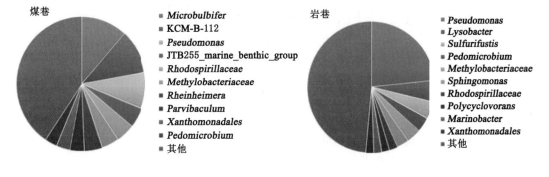

附图 5　井下污泥样品中 16 种 PAHs 以及致癌/非致癌组分分布图

（a）变形菌门

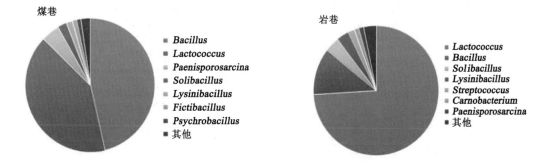

（b）厚壁菌门

附图 6　不同功能巷道共有细菌群落分布（按细菌属统计）

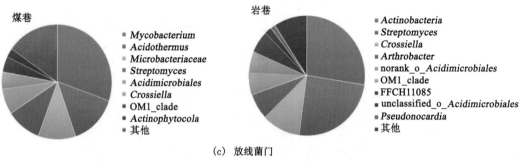

(c) 放线菌门

附图6 (续)

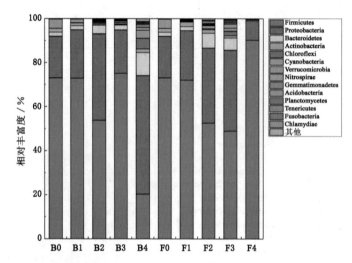

F0~F4—模拟封闭条件下样品;B0~B4—模拟半封闭条件下样品。

附图7 模拟关闭矿井细菌群落变化(门水平)

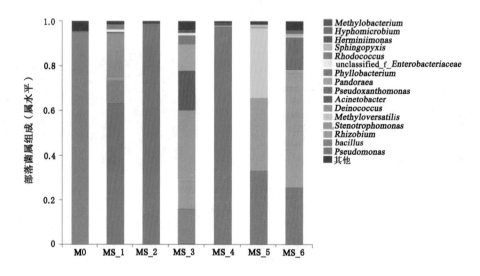

附图8 F-3在不同TDS下的菌属组成

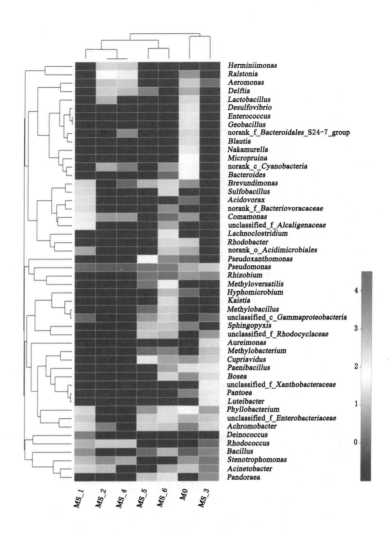

附图 9　F-3 在不同 TDS 下的热图分析

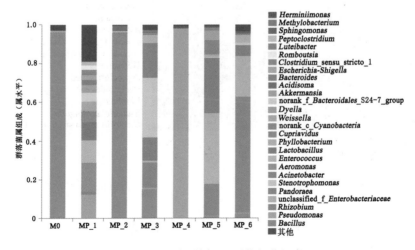

附图 10　F-3 在不同 pH 下的细菌组成

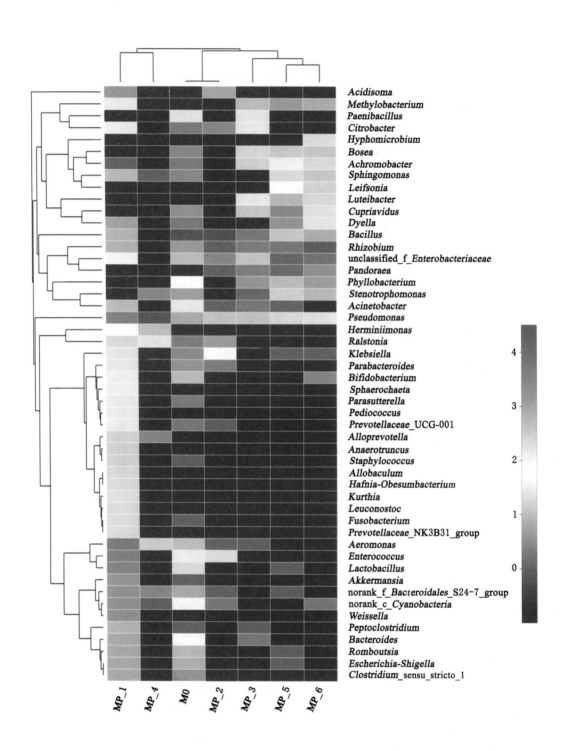

附图 11　F-3 在不同 pH 下的热图分析

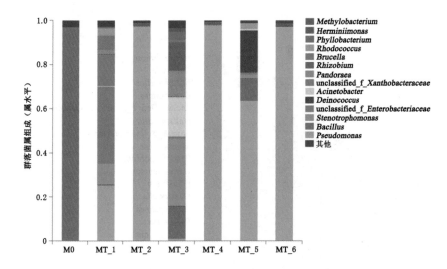

附图 12　F-3 在不同温度下的细菌组成

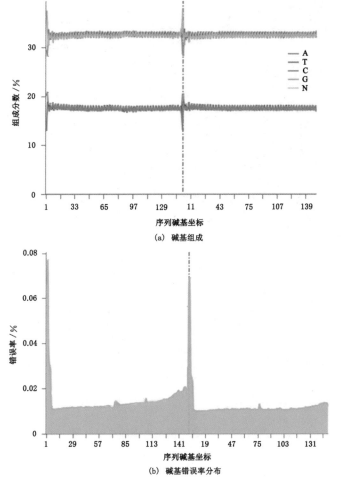

(a)　碱基组成

(b)　碱基错误率分布

附图 14　P-1 菌株基因组碱基组成和错误率分布

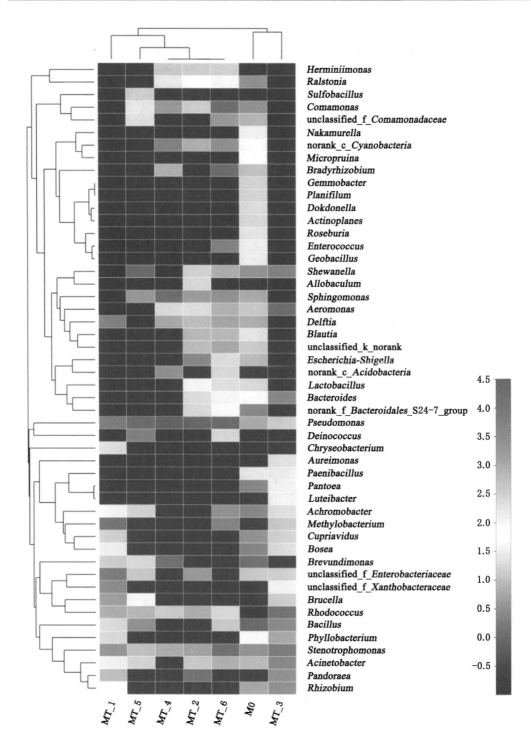

附图 13　F-3 在不同温度下的热图分析